工业清洁生产培训系列教材

造纸行业 清洁生产培训教材

环境保护部清洁生产中心
轻工业环境保护研究所　编著

北　京
冶 金 工 业 出 版 社
2012

内 容 提 要

本书是环境保护部清洁生产中心和轻工业环境保护研究所组织造纸行业以及清洁生产领域的知名专家共同编写而成。本书紧密结合造纸行业的现状和特色，系统介绍了清洁生产起源及在我国的进展、造纸行业清洁生产发展历程、现状及发展规划，清洁生产审核，具体操作方法和案例等。最后在附录中介绍了造纸行业清洁生产有关的相关法律法规和文件。

本书可用于造纸企业在开展清洁生产审核过程中的相关培训指导，也可作为政府职能部门人员、行业主管部门人员、造纸企业员工、清洁生产审核中介机构从业人员学习参考。

图书在版编目（CIP）数据

造纸行业清洁生产培训教材/环境保护部清洁生产
中心，轻工业环境保护研究所编著．—北京：冶金
工业出版社，2012.6
工业清洁生产培训系列教材
ISBN 978-7-5024-5941-3

Ⅰ．①造…　Ⅱ．①环…　②轻…　Ⅲ．①造纸工业—
无污染技术—技术培训—教材　Ⅳ．①TS7

中国版本图书馆 CIP 数据核字（2012）第 105797 号

出 版 人　曹胜利
地　　址　北京北河沿大街嵩祝院北巷 39 号，邮编 100009
电　　话　(010)64027926　电子信箱　yjcbs@ cnmip. com. cn
责任编辑　李　雪　美术编辑　彭子赫　版式设计　葛新霞
责任校对　卿文春　责任印制　张祺鑫
ISBN 978-7-5024-5941-3
北京慧美印刷有限公司印刷；冶金工业出版社出版发行；各地新华书店经销
2012 年 6 月第 1 版，2012 年 6 月第 1 次印刷
169mm×239mm；14.25 印张；281 千字；214 页
42.00 元

冶金工业出版社投稿电话：(010)64027932　投稿信箱：tougao@ cnmip. com. cn
冶金工业出版社发行部　电话：(010)64044283　传真：(010)64027893
冶金书店　地址：北京东四西大街 46 号(100010)　电话：(010)65289081(兼传真)
（本书如有印装质量问题，本社发行部负责退换）

序

改革开放以来，我国国民经济取得了巨大发展，工业规模迅速扩大，综合实力不断增强。但总体上看，工业发展方式仍然以粗放型、外延式为主，主要依靠投资和物质资源消耗拉动，资源能源消耗高、污染排放重、产出效率低、产业结构不合理等矛盾和问题仍然比较突出。

当前，我国还处在工业化中期，全面建设小康社会、消除贫困和城乡差别，加快工业化、城镇化进程是一项长期的重大战略任务。面对短缺的资源、巨大的环境压力以及应对气候变化的需要，粗放型发展模式已不能满足当前发展要求。

清洁生产从理念提出到实践探索，都具有先进性和根本性。首先，清洁生产是资源的有效利用。清洁生产以节约资源能源，提高资源能源利用效率和尽可能减少污染物产生为目标，符合环境保护和资源节约的趋势，符合我国可持续发展战略，体现了科学发展观的要求。其次，清洁生产强调预防和源头控制，追求的是尽可能少消耗、尽可能减少污染物的产生或零排放，是从根本上控制能耗、物耗和污染物产生的措施，这一措施带有根本性。如果说末端治理是治标，以治病为主，清洁生产则是治本，重在强体健身，是从源头上治理。第三，清洁生产贯穿工业生产全过程，从研发设计、生产过程控制、回收利用、企业管理以及产品服务等各个环节，都要体现节能、降耗、绿色、环保要求。这对提升企业技术水平，提高产品质量和档次，改进企业管理都具有重要的推动作用。

工业是资源消耗和污染物排放的重点领域。2010 年，工业领域能源消耗占全社会 70% 以上，化学需氧量（COD）、二氧化硫（SO_2）、氨氮排放量分别占 35.1%、85.3% 和 22.7%。我国工业目前还属于高消耗、高排放、综合利用率低的粗放发展模式。"十二五"时期是全面建设小康社会，深入贯彻落实科学发展观，转变经济发展方式，建设资源节约型、环境友好型社会的关键时期。加快推进工业清洁生产，减少资源能源消耗、降低污染物排放、提高资源综合利用率是转变工业发展方式的一项紧迫任务，也是走新型工业化道路的必然选择。

　　为进一步有效推动工业清洁生产工作，使企业的管理者和技术人员，特别是高层管理者了解清洁生产，认识到清洁生产对于企业节约成本、提高产品竞争力、树立良好的环境保护形象的重要作用，环境保护部清洁生产中心和有关行业协会及行业清洁生产中心，在总结以往工作实践经验的基础上，对行业清洁生产政策、相关法律法规进行了深入研究，从规范行业清洁生产审核的具体操作的角度，编写了《工业清洁生产培训系列教材》丛书。主要目的是：普及清洁生产知识、提高工业企业的清洁生产意识；为在工业领域推行清洁生产，开展清洁生产培训提供有针对性的教材和必要的支持；指导企业正确制定和实施清洁生产方案，提高企业实施清洁生产的水平。

　　做好新时期清洁生产工作，是贯彻落实党中央、国务院科学发展观重要思想的切入点和抓手，是建设两型企业，走新型工业化道路和环保新道路的共同要求，是转变工业发展方式和经济增长方式的根本途径，也是"十二五"乃至今后一个时期我国环境保护的重要工作任务之一。我们相信，《工业清洁生产培训系列教材》丛书的出版发行，将会对广大从事清洁生产工作者和企业带来方便和帮助，使清洁生产成为千万家企业的自觉行动。

2012 年 2 月

前　言

　　《造纸行业清洁生产培训教材》是行业清洁生产培训系列教材之一，主要介绍了造纸行业清洁生产的相关政策、技术及清洁生产审核的过程。通过本教材的学习，可以使造纸企业了解清洁生产的基本知识，国家政策，清洁生产技术，熟悉并掌握清洁生产审核的基本过程，培养企业干部职工的清洁生产意识和能力，为造纸企业在实际工作中自觉全面开展清洁生产奠定基础。

　　《造纸行业清洁生产培训教材》是由环境保护部清洁生产中心、轻工业环境保护研究所和天津科技大学等单位共同合作编写完成的。本教材在内容和章节的编排上做了精心的设计，在参考了大量文献的基础上，力求循序渐进，易于理解，实用性强，具有较强的权威性和可操作性，对于我国造纸行业清洁生产工作具有实际的指导意义。本教材的编写完成对推动我国造纸行业清洁生产工作的开展和普及必将产生积极的影响。

　　本书第1章、第4章及第5章由环境保护部清洁生产中心编写，第2章、第3章及附录由轻工业环境保护研究所和天津科技大学共同编写。本教材在编写过程中，得到了许多专家的支持和帮助，在此表示衷心的感谢。

　　本教材供制浆造纸企业从事清洁生产工作的干部及工程技术人员及工厂职工培训教学使用，也可供有关科研人员及职业院校相关专业师生参考。

　　由于编者学识水平有限，不当之处在所难免，恳请读者批评指正。

《造纸行业清洁生产培训教材》编写委员会

2012 年 2 月

目　　录

1 清洁生产概述

1.1 清洁生产的起源、概念及其内涵

1.1.1 清洁生产的起源——工业污染防治的新阶段

清洁生产作为创新性的环境保护理念与战略，它摈弃了传统环境管理模式的"先污染后治理"，逐渐由末端治理向全过程控制的源削减转变。清洁生产使原有的被动、事后、补救、消极的环保战略转变为主动、事前、预防、积极的环保战略。纵观工业污染防治的发展历程，清洁生产的起源与其有着密不可分的关联。

工业发展之路伴随着对地球资源的过度消耗和对环境的严重污染。自 18 世纪中叶工业革命以来，传统的工业化道路主宰了发达国家几百年的工业化进程，它使社会生产力获得了极大的发展，创造了前所未有的巨大物质财富，但是也付出了过量消耗资源和牺牲生态环境的惨重代价。

1.1.1.1 工业污染自由排放阶段

在工业化最初阶段，由于人类对工业化大生产对于资源消耗和环境污染这样的负面作用没有任何认识，企业直接将工业生产中非产品部分即污染物任意排放到环境中，让自然界通过大气、水、土壤等的扩散、稀释、氧化还原、生物降解等的作用，将污染物质的浓度和毒性自然降低，从而实现环境自净。这也就是工业化初期污染物的"自由排放"阶段。此时企业对工业污染没有进行任何有意识的控制措施，而这种状态一直持续了上百年。

然而工业界长期采取自由排放污染物的行为使得污染物排放量超过了自然界的容量和自净能力。尤其在第二次世界大战以后，全球经济进入快速发展阶段，全球性的环境污染问题与地区性的环境"公害"事件开始频繁出现，并且大规模暴发。20 世纪 30 年代至 60 年代，在发达国家暴发了著名的八大公害事件，即比利时的马斯河谷事件、美国的多诺拉事件和洛杉矶光化学烟雾事件、英国的伦敦烟雾事件以及日本的四日市哮喘事件、水俣病事件、骨痛病事件和米糠油事件。这些公害事件大都与当地工业企业排放的污染有着直接联系。以 1930 年 12 月发生在比利时的马斯河谷事件和 1952 年至 1955 年发生在日本的水俣病事件为例，前者是典型的大气污染事件而后者则是典型的水污染事件。

在比利时的马斯河谷事件中，由于马斯河谷工业区处于狭窄的盆地中，且谷

地中工厂集中，烟尘量大，适逢当年 12 月发生气温逆转，工厂排出的有害气体在近地层积累，不易扩散。烟气中的有害气体如 SO_2、SO_3 和金属氧化物颗粒进入人体肺部，导致数千人中毒，一周内有 60 多人死亡，许多家畜也纷纷死去，这是 20 世纪最早记录下的大气污染事件。

而日本的水俣病事件，则是由于水俣镇附近的一家工厂在生产氯乙烯和醋酸乙烯时采用氯化汞和硫酸汞催化剂，并向周边水域排放含有甲基汞的工业废水，污染水体，甲基汞进入水体后使鱼和贝类富含甲基汞，人和猫食用了这些鱼和贝类就患上极为痛苦的汞中毒病。这种病被称作水俣病。据日本环境厅 1972 年公布，日本前后三次发生水俣病，患者计 900 人，受威胁者达 2 万人，其中 60 人死亡。

工业化发达国家暴发的这一系列举世震惊的环境公害事件以血淋淋的事实向人们敲响了警钟：工业化进程所带来的环境污染已经开始直接威胁到了人类生命健康与社会经济的持续发展。于是，在 20 世纪四五十年代，人们开始从沉痛的代价中觉醒，西方工业国家开始关注环境问题，并进行了大规模的环境治理，环境保护历程也由此拉开序幕。工业化国家的污染防治先后经历了"稀释排放"、"末端治理"、"现场回用"直至"清洁生产"的发展历程，见图 1-1。

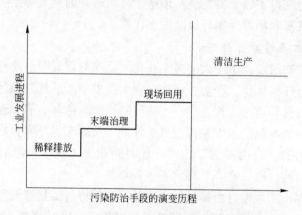

图 1-1　污染防治手段随工业发展的演变历程

1.1.1.2　工业污染防治第一阶段：稀释排放阶段

工业化进程中最初的污染防治手段是稀释排放。20 世纪三四十年代开始，随着各类环境事件在工业化国家中的频繁发生，人们开始寻求解决环境污染的手段与途径。由于当时尚未搞清这些环境事件产生的根本原因和污染机理，所以一般只是采取限制措施以及稀释排放的方式。如伦敦发生烟雾事件后，英国制定了法律，限制燃料使用量和污染物排放时间。同时由于已经意识到大自然在一定时间内对污染物的吸收能力是有限的，各国开始根据环境的承载能力计算一次性污染排放限额，并颁布各类环境标准，对工厂排放的污染物进行监测、控制。为了降低排污口浓度，达到这些限制性标准，工业企业采用的对策是先对产生的污染进行人为"稀释"，然后再直接排放到环境中，由此解决污染问题，这种做法被称为"稀释排放"。这种初期的污染控制手段无疑是消极的环境战略。

1.1.1.3　工业污染防治第二阶段：末端治理阶段

随着工业的继续大规模快速发展，人们很快发现单纯的限制性措施和稀释排放的环境治理手段，根本无法遏制工业发展带给全球环境的污染问题，因为这些污染物最终仍要自然界来消纳。对于整个自然环境而言，不但没有稀释反而持续增加了污染物在环境中的总体浓度和数量，从而导致环境污染事件依然频繁发生，环境质量持续恶化。

于是，从 20 世纪 60 年代开始，各国主要是发达国家开始采取了大量措施控制工业企业所产生的污染。由于这些措施是通过各种方式和手段对生产过程中已经产生的废物进行处理，控制措施位于企业生产环节的最末端，因此称为"末端治理"。当时，各国开始通过立法、行政管理、开发和应用治理技术等基于末端治理的控制手段和理念来解决污染问题。各发达国家相继成立环境保护专门机构。在法律措施上，颁布了一系列环境保护的法规和标准，加强环境保护的法制建设。在经济措施上，采取给工厂企业补助资金的方式，帮助工厂企业建设净化设施，这类末端治理设施和技术如过滤器和净化装置在当时还曾被称为"清洁技术"。同时，通过征收排污费或实行"谁污染、谁治理"的原则，解决环境污染的治理费用问题。

以"末端治理"为主的环境保护战略在其出现后的 30 多年里长期主导着各国的工业污染防治工作。在这个阶段，各国投入了大量资金，并且研发了大量末端治理技术。与稀释排放相比，末端治理是一大进步，不仅有助于消除污染事件，也在一定程度上减缓了生产活动对环境的污染和破坏程度。但所采取的末端治理措施，由于只是对已经产生的废弃物进行被动处理，以降低其对外环境的污染与影响，虽在一定时期内或在局部地区起到一定的作用，但从根本上来说是末端治理依然是被动的环境保护战略，并未从根本上解决工业污染问题。

随着工业化进程的不断深入，末端治理的弊端也逐步体现出来，主要表现在以下几个方面：

（1）与企业生产过程相脱节。末端治理设施与企业原本的生产过程相割裂，并不是企业为了实现其生产出最终产品这一目的而必备的生产过程之一，而是为了解决环境污染问题而附加的处理设施。对于企业，这种末端治理设施的配备更多是基于环境管理要求和企业社会责任，而不是出于企业创造生产价值、获得经济收益的初衷。因此，在环境监管不到位、企业社会责任意识淡薄的情况下，企业必然视之为额外的负担。

（2）高额的投资与运行费用。在环境成本还无法有效核定的时候，末端治理对于企业来说是只有投入没有经济回报的投资。末端治理设施高昂的设备投资、惊人的日常维护成本和最终处理费用直接带给企业的是沉重的经济包袱。据美国环保局统计，美国用于包括末端治理设施投资和运行费用在内的污染治理的总费用，1972 年为 260 亿美元（占当年 GNP 的 1%），1987 年猛增至 850 亿美元，而 1990 年则高达 1200 亿美元（占当年 GNP 的 2.8%）。在企业层次上，以美国杜邦公司为例，其每磅废物的处理费用以每年 20% ~30% 的速率递增，焚烧一桶危险废物可能要花费 300 ~1500 美元。在中国，某化工厂的污染水处理厂每小时处理能力为 1500t，投资高达 3.8 亿元，而其日常运行费用则高达每年上千万元。即便如此，这样高的资金投入有时也难以达到预期的污染控制目标。沉重的经济负担往往会迫使部分企业尝试通过各种手段加以逃避，从而导致末端治理设施无法正常运转，其存在的环境意义也就大打折扣了。

（3）很难从根本消除污染。末端处理往往不能从根本上消除污染，而只是使污染物在不同介质中转移，还可能造成二次污染。例如，污水处理厂产生的活性污泥，如果处理不当，会产生二次污染。对于这些活性污泥，如果采取堆放的形式，污泥中的污染物可能重新进入地表水环境；如果采取焚烧的方式进行处理，诸如纺织废水等废水中的二噁英则会进入大气；如果作为肥料施肥，则可能导致土地板结等。再如，在大气污染治理中，污染物转移到吸收液，这些吸收液的浓度通常都不高，但是量较大，还需二次处理，同时吸收液也容易进入排水系统，造成水体污染。

1.1.1.4　工业污染防治第三阶段：现场回收利用阶段

基于上述末端治理设施的一系列弊端，尤其是为了减轻这一沉重的经济负担，一些企业开始尝试着减少进入末端治理设施的废弃物处理数量，开始寻找新的解决环境污染问题的途径。此时，人们开始对企业现场产生出来的废弃物进行现场回收利用，将废弃物中含有的有用的生产资料直接或者经过简单厂内处理后回用于生产过程，在减少了末端治理设施的处理压力的同时，也减少了原辅材料的投入，在一定程度上节约了企业的生产成本。这种通过对废弃物进行现场回收利用而尽可能实现厂内生产物资"闭路循环"的环境战略可以说是清洁生产走出的第一步，但是由于其依然是在废弃物产生之后进行的被动措施，因此还是一种"先污染，后治理"的被动的环境战略。

1.1.1.5　工业污染防治第四阶段：基于清洁生产的污染预防阶段

工业化国家经过了三十多年以末端治理为主导的环境保护道路之后，全球环境恶化趋势依然没有得到有效的遏制，全球性的环境问题逐步彰显出来，例如全球气候变暖、臭氧层的耗损与破坏、生物多样性锐减、土地荒漠化以及水、大气、土壤等环境介质的严重污染等。这些问题都促使各国尤其是发达的工业化国家开始重新审视走过的污染治理道路。而清洁生产就是各国在反省传统的以末端治理为主的污染控制措施的种种不足后，提出的一种以源削减为主要特征的环境战略，是人们思想和观念的一种转变，是环境保护战略由被动反应向主动行动的一种转变。

清洁生产最初是源自企业，面对高额的环境治理费用，大多数企业都不堪重负，纷纷开始寻找出现这种现象的根本原因并试图找出解决方法。

人们对造成环境污染的污染物进行重新审视和全面分析发现，企业产生的污染物在排放到外环境之前并不是真正意义上的环境污染物，而是生产过程中相对于产品输出的非产品性输出，也就是通常人们所说的生产过程中的废弃物。废弃物本身的成本并不单单是人们通常所看到的"污染物治理成本"，还有更深层次的隐形成本为人所忽略。废弃物同产品一样并不是在生产之初就存在的，而是通过企业的技术工艺过程生产加工而成的，其间和产品一样消耗的是企业的原辅材料、水、能源、设备、人员操作、管理时间等等。因此，如果我们运用和产品成本核算同样的方法审视废弃物成本时，会吃惊地发现我们所看到的这些废弃物表面成本即处理成本仅仅是冰山一角，其隐藏成本则像隐藏在海面下的庞大冰山一样可能会随时影响到企业的正常生产与运行。从这个角度上看，从源头上削减废弃物的产生，将更多的资源和能源转化为可以给企业带来直接效益的产品，同时减少污染物的产生量和处理量，是解决工业企业环境污染问题的根本之路，即清洁生产之路。清洁生产有效地解决了末端治理等传统的污染防治手段在经济效益和环境效益之间的矛盾，实现了两者的有机统一，从而形成了企业内部实施和推广清洁生产的原动力。清洁生产最先起源于企业内部也正是因为这个原因。

因此，清洁生产作为全新的污染防治手段，从源头就开始避免损失和浪费，从根本上预防了环境污染物的产生，将传统的污染治理转变为污染预防，将消极被动的工业污染防治转为积极主动的基于清洁生产污染预防战略。

1.1.2 清洁生产的概念及其内涵

清洁生产在不同的发展阶段或不同的国家有不同的提法，如"污染预防"、"废弃物最小化"、"源削减"、"无废工艺"等，但其基本内涵是一致的，即对生产过程、产品及服务采用污染预防的战略来减少污染物的产生。

1.1.2.1 联合国环境规划署的清洁生产概念及其内涵

联合国环境署 1989 年首次提出清洁生产的定义，并于 1996 年对清洁生产的定义进行了进一步修订，其定义为："清洁生产是一种新的创造性思想，该思想将整体预防的环境战略持续应用于生产过程、产品和服务中，以增加生态效率和减少人类及环境的风险。

——对生产过程，要求节约原材料和能源，淘汰有毒原材料，削减所有废弃物的数量和毒性。

——对产品，要求减少从原材料提炼到产品最终处置的全生命周期的不利影响。

——对服务，要求将环境因素纳入设计和所提供的服务中。"

在这个定义中充分体现了清洁生产的三项主要内容，即清洁的原辅材料与能源、清洁的生产过程及清洁的产品与服务。

A　清洁的原辅材料与能源

清洁生产首先强调生产过程中的输入必须是清洁的，即清洁的原辅材料与能源：

（1）对于原辅材料，要求尽可能采用无毒无害或低毒低害的原辅材料替代正在使用的有毒有害原辅材料；

（2）对于能源，则要求尽可能采用清洁的能源。采用各种方法对常规的能源如煤采取清洁利用的方法，如城市煤气化供气等，为企业或用户提供清洁的二次能源；对沼气等再生能源进行充分利用；尽可能使用适合当地条件的新能源例如太阳能、风能等所提供的能源。

B　清洁的生产过程

其次，清洁生产强调生产过程本身是清洁的，即强调清洁生产要渗透到原辅材料的投入到产品产出的全部生产过程：

（1）尽可能选用先进的少废、无废工艺、高效设备和节能技术等，节约能源与资源，实现资源和能源的高效利用。

（2）尽量减少生产过程中的各种危险性因素，如高温、高压、低温、低压、易燃、易爆、强噪声、强振动等。因为通常生产过程中的安全事故势必伴随着环境事故的发生。发生于 2005 年 11 月 13 日的松花江水污染事件就是最好的实证。

（3）采用可靠和简单的生产操作和控制方法，并且不断对生产控制进行系统优化，有效提高现有生产系统的生产效率。

（4）对离开正常生产过程的物料即废弃物尽可能进行内部循环利用和资源化综合利用，进一步提高资源的利用率。

（5）不断完善生产管理，减少跑、冒、滴、漏和物料流失，加强人员培训和技术水平，提高企业的科学管理水平和人员素质。

C　清洁的产品与服务

清洁生产最后强调的是生产过程的产出是清洁的，即清洁的产品与服务，要以不危害人体健康和生态环境为主导因素来考虑产品的制造过程甚至使用之后的回收利用，减少原材料和能源使用。

获得产品是任何生产活动的最终目的，企业需要依靠产品获得经济收入并且实现生产的持续性和生产再扩大。产品本身决定了所要使用的原辅材料以及需要采用的技术工艺和生产过程，因此清洁生产要求：

（1）产品在设计之初就要考虑生态设计，将污染预防的理念全面系统地贯穿于产品的设计中，尽可能节约原材料和能源，少用或不用昂贵和稀缺的原料及有毒有害的原料等；

（2）产品在使用过程中以及使用后不含危害人体健康和破坏生态环境的因素；

（3）产品的包装要合理，通过改进包装物的原料和包装形式、规格等，在保证实现其包装功能的前提下，尽可能减少包装物的使用量及最终的废弃物量；

（4）产品使用后要易于拆解、回收、重复使用和再生利用等；

（5）产品的使用寿命和使用功能要合理，最大限度减少其对环境的影响。

联合国环境署1996年对清洁生产的定义补充了对服务的要求，即要求将环境因素纳入设计和所提供的服务中，这是对产品生态设计的进一步补充和完善。

1.1.2.2　我国的清洁生产定义及其内涵

我国2003年开始实施的《中华人民共和国清洁生产促进法》中，结合中国经济发展的特点，对清洁生产给出的定义是："清洁生产，是指不断采取改进设计、使用清洁的能源和原料、采用先进的工艺技术与设备、改善管理、综合利用等措施，从源头削减污染，提高资源利用效率，减少或者避免生产、服务和产品使用过程中污染物的产生和排放，以减轻或者消除对人类健康和环境的危害。"

在这个清洁生产定义中包含了两层含义：

（1）清洁生产的目的。清洁生产的目的是从源头削减污染物的产生量，以减轻或者消除对人类健康和环境的危害；

（2）清洁生产的实施手段及措施。清洁生产的实施手段及措施包括"改进设计"、使用"清洁的原料和能源"、采用"先进的工艺技术与设备"、进行"综合利用与循环利用"和"改善管理"等。除了"改善管理"以外，其他的所有内容都与应用清洁生产技术有关：采用先进的工艺技术即采用清洁生产技术，实施清洁生产战略的核心是让企业通过技术进步，实施生产工艺、技术、装备的升级改造，提高资源与能源利用率，减少污染物的生产与排放，实现经济、环境、社会效益相统一，可持续发展。值得指出的是，在这里，把产生的废弃物的厂内回收后进行循环、利用和资源化综合利用纳入清洁生产的范畴，而不划归末端治理范围。

1.1.3　清洁生产的特点

清洁生产是在较长的污染预防进程中逐步形成的，也是国内外几十年来污染预防工作基本经验的结晶。究其本质，在于源头削减和污染预防。它不但覆盖第二产业，同时也覆盖第一、三产业。清洁生产是从全方位、多角度的途径去实现

"清洁生产"的。与末端治理相比，它具有十分丰富的内涵和鲜明的特点，主要表现在：

（1）战略性。清洁生产是全新的污染预防战略，是实现可持续发展的环境战略。它有理论基础、技术内涵、实施工具、实施目标和行动计划。

（2）预防性。传统的末端治理与生产过程相脱节，是在污染物产生之后进行被动的污染治理，即"先污染，后治理"，而清洁生产则是强调从源头最大限度地预防污染物的产生，其实质是预防污染，而非单纯的污染治理。

（3）综合性。实施清洁生产的措施是综合性的预防措施，强调的是污染源头削减的全过程预防与控制，包括有毒有害原辅材料替代、强化过程控制、技术进步、完善管理、改进产品设计等一系列污染预防措施。

（4）统一性。传统的末端治理投入多、治理难度大、运行成本高，经济效益与环境效益不能有机结合，而清洁生产最大限度地利用资源，将污染物消除在生产过程之中，不仅环境状况从根本上得到改善，而且能源、原材料和生产成本降低，经济效益提高，竞争力增强，能够实现经济效益与环境效益相统一。清洁生产最终实现的是"节能、降耗、减污、增效"。

（5）持续性。清洁生产不是一时之事，而是一个相对的、不断的持续改进的过程，强调要将清洁生产作为一种企业战略和经营管理的理念持续贯穿于企业的生产与环境管理制度中，以期达到长久持续的污染预防效果。

清洁生产一经提出后，在世界范围内得到许多国家和组织的积极推进和实践。其最大的生命力在于可取得环境效益和经济效益的"双赢"，它是实现经济与环境协调发展的根本途径。

1.2　工业领域推进清洁生产的重大意义

工业是资源、能源消耗和污染物排放的重点领域，资源、能源消耗约占全国总量的70%，化学需氧量（COD）、二氧化硫（SO_2）排放量分别占35%和86%，是推行清洁生产的重点领域。党的十六大明确提出，要坚持走新型工业化道路。"科技含量高、经济效益好、资源消耗低，环境污染少、人力资源优势得到充分发挥"作为新型工业化道路的基本标志和落脚点。清洁生产所要实现的目标与新型工业化要求一致。因此，在工业领域推进清洁生产具有重大意义。

（1）推进清洁生产是转变工业发展方式、走新型工业化道路的必然选择。党的十七届五中全会指出：转变经济发展方式是一项紧迫的战略任务，刻不容缓。工业作为资源消耗、污染排放的主要领域，更是要首当其冲。过去三十多年我国工业快速发展，但长期以牺牲资源、环境为代价的粗放型增长模式，使得我们在发展的同时也付出了沉痛的代价。工业发展过多依靠物质资源消耗和使用廉价劳动力，重增量、轻存量，重外延、轻内涵现象普遍，工业发展内在动力不足。转变工业发展方式，走新型工业化道路，客观要求建立少消耗、少排放、高产出的先进清洁生产方式，要求我们把清洁生产作为转变工业发展方式的重要措施。这也是清洁生产理念的先进性，清洁生产从根本上提高资源利用效率、从源头上削减污染物产生的本质属性决定的。

（2）推进清洁生产是建设"两型"工业的重要抓手。党的十七大明确提出"必须把建设资源节约型和环境友好型社会放在工业化、现代化发展战略的突出位置"。党的十七届五中全会进一步要求把建设资源节约型、环境友好型社会作为转变经济发展方式的重要着力点。贯彻党的十七大、十七届五中全会精神，推动"两型"社会建设，要求工业领域把建设资源节约型、环境友好型工业作为一项重要任务。工业是资源消耗和污染物排放的重点领域。2010 年，工业领域能源消耗占全社会 70% 以上，化学需氧量（COD）、二氧化硫（SO_2）、氨氮排放量分别占 35.1%、85.3% 和 22.7%。因此，实现工业领域的资源节约、环境友好是"两型"社会建设的重要内容。

（3）推进清洁生产是应对贸易保护，提高企业竞争力的重要途径。在应对全球经济危机的背景下，各种形式的贸易保护主义有所抬头，与环境相关的绿色贸易壁垒已成为一个重要的非关税贸易壁垒。发达国家设置了一些发展中国家难以达到的资源环境技术和产品标准，一些国家还酝酿把碳排放与贸易挂钩，征收所谓的"碳关税"，这些都将可能对我国的对外贸易和相关产业发展构成较大影响。大力推进清洁生产，将清洁生产理念与企业的生产过程和经营活动相结合，体现符合环保要求的"清洁产品"，可以切实提高我国企业的国际竞争力，在国际竞争中立于不败之地。

（4）推进清洁生产是促进环境保护从被动的末端治理向污染预防转变的根本途径。传统的末端治理与生产过程相脱节，即"先污染，后治理；边治理，边污染"，立足点是被动的"治"。清洁生产从源头抓起，实行生产全过程控制，减少乃至消除污染物的产生，立足点是主动的"防"。传统的末端治理投入多、治理难度大、运行成本高，往往只有环境效益，没有或少有经济效益，企业缺乏治理的积极性。清洁生产最大限度地利用资源，在生产过程中减少污染物产生，减轻末端治理的难度和压力，不仅环境状况从根本上得到改善，而且能源、原材料和生产成本降低，经济效益提高，能够实现经济与环境"双赢"。清洁生产与传统的末端治理的最大不同是找到了环境效益与经济效益相统一的结合点，能够充分调动企业防治污染的积极性。

1.3 清洁生产在国际上的发展历程

清洁生产最早起源于 20 世纪 60 年代美国化学行业的污染预防审计。因此"清洁生产"在北美各国如美国、加拿大等称为"污染预防"。随着"污染预防"

的理念由北美传入欧洲，"清洁生产"概念开始出现，20 世纪 70 年代末，欧盟（原欧共体）开始在欧盟各国正式推行"清洁生产"政策，开展了一系列清洁生产示范工程。1989 年，联合国正式提出"清洁生产"的概念，开始在全球范围内推行清洁生产。自此，清洁生产开始在全世界全面推广、施行并取得了良好的成果。

现在全世界已经有 70 多个国家全面或部分开展清洁生产工作，包括美国、加拿大、日本、澳大利亚、新西兰以及欧盟各国（以法国、荷兰、丹麦、瑞典、瑞士、英国、奥地利等国为主）在内的发达国家以及中国、巴西、捷克、南非等近 50 个发展中国家。同时有 47 个发展中国家在联合国工业与发展组织和联合国环境规划署的资助下建立了国家清洁生产中心。

清洁生产在国际上的发展历程简述如下：

（1）20 世纪 60 年代，美国化工行业的污染预防审计，清洁生产萌芽；

（2）1976 年，欧盟（原欧共体）在巴黎的"无废工艺与无废生产国际研讨会"上提出"消除造成污染的根源"的思想，初步提出清洁生产理念；

（3）1979 年，欧盟（原欧共体）理事会正式宣布推行清洁生产政策；

（4）1984～1987 年期间，欧盟（原欧共体）环境事务理事会拨款支持建立清洁生产示范项目，在欧盟各国示范推广清洁生产理念及实践；

（5）1989 年，联合国环境规划署制定《清洁生产计划》，正式提出"清洁生产"的概念，并开始在全球范围内推行清洁生产；

（6）1990 年以来，联合国环境规划署先后举办了六次"国际清洁生产研讨会"；

（7）1992 年，联合国环境与发展大会通过《21 世纪议程》，清洁生产被作为实施可持续发展战略的关键措施正式写入《21 世纪议程》，清洁生产进入了快速发展时期；

（8）1996 年，联合国环境规划署更新"清洁生产"的定义；

（9）1998 年，在韩国首尔召开的第五次国际清洁生产研讨会上，提出并通过了《国际清洁生产宣言》；

（10）至今，全球有 70 多个国家开展清洁生产，并在 47 个发展中国家和地区建立了国家清洁生产中心。

1.3.1　发达国家的清洁生产

美国、澳大利亚、荷兰、丹麦等发达国家在清洁生产立法、组织机构建设、科学研究、信息交换、示范项目和推广等领域已取得明显成就。特别是进入 21 世纪后，发达国家清洁生产政策有两个重要的倾向：其一是着眼点从清洁生产技术逐渐转向清洁产品的整个生命周期；其二是从大型企业在获得财政支持和其他种类对工业的支持方面拥有优先权转变为更重视扶持中小企业进行清洁生产，包括提供财政补贴、项目支持、技术服务和信息等措施。

1.3.1.1 美国

清洁生产在美国称为"污染预防"，最早起源于 20 世纪 60 年代的化工行业，并逐步在全国推广实行。

（1）1984 年美国国会通过《资源保护与回收法——有害和固体废物》，提出"废物最小化"政策。

（2）1989 年美国环保局提出了"污染预防"的概念，并以之取代废物最小化。

（3）1990 年 10 月美国国会通过《污染预防法》，正式宣布污染预防是美国的国策，作为环境管理政策体系的最高重点是通过源削减实现污染预防，从而在国家层次上通过立法手段确认了污染的"源削减"政策。这是工业污染控制战略的一个根本性变革，取代了长期采用的末端处理的污染控制政策，要求工业企业通过源削减，包括：设备与技术改造、工艺流程改进、产品重新设计、原材料替代以及促进生产各环节的内部管理，减少污染物的排放，并在组织、技术、宏观政策和资金方面做了具体的安排。

（4）1991 年 2 月美国环保局发布了"污染预防战略"，其目标为：1）在现行的和新的指令性项目中，调查具有较高费用有效性的清洁生产投资机会；2）鼓励工业界的志愿行为，以减少美国环保局根据诸如有害物质控制条例采取的行动。这是美国用预防污染取代末端治理政策的重大创举，是美国环境保护战略的重大变革。根据"污染预防法"，美国从联邦到各州的环保局都设立了专门的污染预防办公室，推动组织实施清洁生产，并且为各地方环保局开展污染预防工作提供全部工作经费，用于企业清洁生产审核咨询和清洁生产研究工作。在美国环保局指导下，33/50 计划及能源之星计划等项目都取得了成功。

1.3.1.2 加拿大

加拿大于 1991 年成立了"全国污染预防办公室"，协调和推动全国的污染预防工作，与工业企业共同推进最大限度从源头削减污染物的产生与排放的自愿创新行动。此外，该办公室还负责一个旨在推进自愿减少使用或消除使用列入清单的有毒化学品的项目。到 1996 年已有 100 余家公司同意参加到该项目中来。加拿大自 1996 年起制定了为期三年的"绿色洗衣项目"，目的是设法减少并尽可能消除氯代溶剂尤其是全氯乙烯的使用，这也是安大略洗衣业主要的一项志愿污染预防举措。

同时加拿大各省的环境部门也开始积极采取行动，例如在大湖地区联合开展污染预防工作，并且建立污染预防的信息系统。加拿大政府为废弃物管理确定了新的方向，他们制订了资源和能源保护技术的开发和示范规则，其目的是促进开展减少废弃物和循环利用及回收利用废弃物的工作，以促进清洁生产工作的开展。加拿大还率先开展了"3R"运动，即循环经济，延伸了清洁生产的概念及范围。加拿大不列颠哥伦比亚省在全省动员开展"3R"运动，范围相当广泛，从省制订大的计划到民间组织自发的活动，形式多种多样。

1.3.1.3 欧盟

欧盟最初开展清洁生产工作的国家是瑞典。1987 年瑞典引入了美国废物最小化评估方法。随后，荷兰、丹麦和奥地利等国也相继开展了清洁生产。欧盟的重点是清洁技术，强调技术上的创新。同时欧盟几乎所有的国家，都把财政资助与补贴作为一项基本政策。其政策的基本点都着眼于如何减轻末端治理的压力，而将污染防治上溯到源头，拓展到全过程。欧洲开展清洁生产的国家还普遍对企业清洁生产审核提供政府补贴。例如，在荷兰，咨询公司为任何一家企业进行清洁生产审核，政府补贴咨询公司 5000 美元（人工工资）；在挪威，政府对于帮助企业进行清洁生产审核的公司补助其咨询费用的 50%；瑞士、丹麦等国情况也大致如此。

在美国的《污染预防法》颁布前后，荷兰和丹麦吸收了美国的经验，采用美国出版的手册和培训教材，邀请美国的清洁生产专家指导本国的清洁生产工作。在政策法规的制定方面，吸取了美国污染预防的思想，同时结合本国实际，走出了一条与自己国家的文化传统、经济社会和政治运行手段相适应的道路。

欧盟委员会在正式提出"清洁生产"政策以来，一直在通过一些法规促进清洁生产在其成员国内推行。其中，最值得注意的是 1996 年通过的"综合污染预防与控制"（IPPC）指令。该指令要求欧盟成员国在 3 年内建立本国的法律法规，将污染预防和污染控制综合起来考虑以减少对环境的总危害，通过建立协调一致的一体化工业污染防治系统，防止或减少企业向大气、水体和土壤中排放污染物，从而在整体上对环境实现高水平保护。

该指令的主要做法是要对有关工业装置颁发综合的排污许可证，而不仅仅像以往一样针对水或大气某一单独的环境相颁发排污许可证。新的指令使得企业在某些情况下无法通过简单的末端处理来满足新的要求。因为有些污染物在简单的末端处理中只是由一个环境相转移到另一个环境相中（例如废水中的重金属由絮凝沉淀而转移到污泥中），并不能减少其排放到外环境的总量。在这种情况下，只有通过清洁生产，直接减少污染物的产生才能使企业满足指令中新的综合性要求。

欧盟 IPPC 指令最重要的特点就是，针对企业工业生产全过程的、以污染预防为主、综合性的污染防治战略，这一点恰恰体现了清洁生产的理念。

为了帮助欧盟各国实现欧盟 IPPC 指令的有关要求，欧盟已经针对主要的重污染行业研究制定出了 33 个行业的最佳可行技术参考文件（BREF），例如大型火电、精炼、制浆与造纸、钢铁等。每个行业的最佳可行技术参考文件都介绍了整个欧盟这一行业的整体概况、技术装备水平、环境污染现状等总体情况，并针对每一种工艺路线提出了一系列技术建议和分析，最终针对每种工艺路线的每一个技术环节提出了多种备选的最佳可行技术，供企业根据自身情况进行选用。而在这一系列最佳可行技术中，除了技术工艺外，还有许多是关于员工培训、管理方面的软技术。欧盟制定的最佳可行技术参考文件为欧盟全面推行污染预防战略提供了坚实的技术基础，使得欧盟各国在 IPPC 指令框架下能够较为顺利地实现预期目标。

1.3.2 发展中国家的清洁生产

1.3.2.1 发展中国家清洁生产概况

1992 年在巴西里约热内卢召开的联合国环境与发展大会上，工业化国家在《21 世纪议程》中做出了郑重承诺，即承诺要为发展中国家和经济转制国家提供帮助，使他们有机会了解可持续生产即清洁生产的方法、实践和技巧。随后，联合国工发组织和联合国环境署在部分国家启动了清洁生产试点示范项目，将清洁生产这一预防性的环境战略引入这些国家并加以实践验证。在这些清洁生产试点项目取得成功之后，联合国工发组织和联合国环境署于 1994 年共同启动了"建立发展中国家清洁生产中心"的项目，自此，清洁生产这一理念和实践经验开始正式引入发展中国家。

在瑞士、奥地利政府以及其他双边和多边资助方的支持下，联合国工发组织和联合国环境署通过"建立国家清洁生产中心"项目计划共帮助 47 个发展中国家建立了国家或地区级清洁生产中心，培训了大批清洁生产专家，完成了大量企业清洁生产审核，并对清洁生产审核成果和经验进行了宣传推广，为发展中国家的清洁生产工作在清洁生产审核实践、清洁生产能力建设等诸方面奠定了扎实的基础，为这些国家今后在本国内进一步推行清洁生产提供了有力支撑。

这些发展中国家包括：

非洲与阿拉伯地区（13 个）：佛得角、埃及、埃塞俄比亚、肯尼亚、黎巴嫩、摩洛哥、莫桑比克、卢旺达、南非、突尼斯、乌干达、坦桑尼亚、津巴布韦；

亚太地区（7 个）：柬埔寨、中国、印度、老挝、朝鲜、斯里兰卡、越南；

东欧及中亚（15 个）：阿尔巴尼亚、亚美尼亚、保加利亚、克罗地亚、捷克、匈牙利、黑山、摩尔多瓦、罗马尼亚、俄罗斯、塞尔维亚、斯洛伐克、马其顿、乌克兰、乌兹别克斯坦；

拉丁美洲（12 个）：玻利维亚、巴西、哥伦比亚、哥斯达黎加、古巴、厄瓜多尔、萨尔瓦多、危地马拉、洪都拉斯、尼加拉瓜、秘鲁。

　　各大洲发展中国家清洁生产工作的推动情况如图 1-2 所示。从图 1-2 可以看出，发展中国家清洁生产推动工作在各大洲之间基本保持平衡。发展中国家的一些主要大国，例如中国、印度、巴西在 20 世纪 90 年代中晚期即开始推行清洁生产，在一定程度上通过清洁生产有助于抑制这些发展中国家粗放型重污染工业的污染排放。

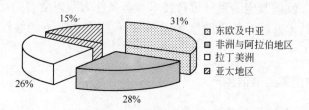

图 1-2　各大洲发展中国家清洁生产工作的推动情况

1.3.2.2　发展中国家清洁生产特点

发展中国家清洁生产的特点主要有两点：

　　（1）较为统一的清洁生产方法学体系与审核实践程序。大多数发展中国家都有着类似的经济发展基础、相近的工业发展模式、共同的环境问题。而由于大部分发展中国家的清洁生产工作都是通过联合国在全球的清洁生产项目机会进行启动并推动的，因此发展中国家对清洁生产都有较为一致的认识，并且有统一的清洁生产审核方法学和推动模式，包括政策建议、能力建设、审核经验等。因此在清洁生产的整体推动和实施过程中，大部分发展中国家也存在着非常多的共同之处，这样有力地强化了各国之间清洁生产信息分享与交流的基础。

　　（2）良好的区域合作。各发展中国家在启动各国国内清洁生产工作的同时，也开始在区域范围内加强合作，共同获取相关知识、分享信息与资源。

　　在拉丁美洲，已经建立起了"拉丁美洲清洁生产网"，共有 12 个国家加入这一网络，并共同实施清洁生产项目。该网络的关键要素就是在瑞士和奥地利政府的资助下开发了"知识管理系统"，这为在拉丁美洲区域范围内获得清洁生产专家资源提供了便捷渠道。

　　在非洲，清洁生产带动了整个区域在可持续消费与生产方面的区域机构建设的进程，并建立了"非洲可持续消费与生产圆桌会议"。该圆桌会议的秘书处设在坦桑尼亚。"非洲可持续消费与生产圆桌会议"制定了"非洲可持续消费与生产 10 年框架计划"，"非洲环境部长联席会议"已经批准了该计划。该计划主要包括 4 个优先领域的活动：能源、水与卫生、栖息地与农村地区的可持续发展以及工业发展。另外埃及和莫桑比克还分别为部分城市制定了可持续消费与生产的试点计划。

同样，在亚洲，各国支持并协助组织了"亚太地区可持续消费与生产圆桌会议"。另外，亚洲9个国家的国家清洁生产中心和其他相关机构还共同合作完成了一项为期3年的项目。该项目主要是在5个行业示范应用清洁生产方法节约能源、削减温室气体。这5个行业包括：制浆造纸、水泥、钢铁、化工及陶瓷。通过在38个试点企业的示范应用，每年共削减温室气体 CO_2 排放100多万吨。

1.3.2.3　发展中国家清洁生产工作的未来发展趋势

发展中国家在过去十五年的清洁生产推进过程中主要依靠发达国家和联合国组织的技术援助与资金支持。随着清洁生产在发展中国家的不断推广与完善，许多发展中国家都积累了非常好的实践经验和技术力量，例如中国在法律、政策法规方面的突出成就以及创新性地提出了强制性清洁生产审核，为污染严重企业的环境保护道路指明了以源头削减的清洁生产方向；印度则在能源审计与清洁生产方面取得了较为显著的工业行业实践成果，为在全球发展中国家推行能效－清洁生产综合类手段提供了技术支撑。因此，在发展中国家未来的清洁生产推行工作中，加强发展中国家之间的项目合作与交流将更加适应各发展中国家的实际国情，更为经济有效。

此外，2009年，联合国工发组织与联合国环境署在原有国家清洁生产中心项目的基础上，启动了新一轮的全球性清洁生产项目"资源高效利用与清洁生产"项目。其中最重要的一项活动就是建立"全球发展中国家清洁生产网络"，进一步建立较为固定和稳妥的合作方式及交流平台，为发展中国家实现南北合作和南南合作奠定坚实的基础。

1.3.3　联合国的全球清洁生产推行计划

联合国环境规划署与联合国工业发展组织极为重视发达国家的清洁生产这一工业污染防治战略的转移，决定在世界范围内尤其是发展中国家推行清洁生产。联合国工业发展组织在20世纪90年代，逐渐形成了在工业发展中实施综合环境预防战略，推行清洁生产的政策。

联合国环境署和联合国工发组织还携手共同在全球尤其是发展中国家推行清洁生产，国家清洁生产中心计划和《国际清洁生产宣言》的签署就是其中最主要的活动。

1.3.3.1　国家清洁生产中心计划

1994年，联合国工业发展组织（UNIDO）和联合国环境署（UNEP）联合提出一项国家清洁生产中心计划（NCPC Programme），旨在帮助发展中国家不重蹈发达国家先污染后治理的覆辙，而是提倡污染预防的先进理念，将污染控制在产生之前而不是产生之后。该项计划主要是帮助发展中国家和经济转型国家建立清洁生产中心，推动清洁生产在这些国家的推广。中国国家清洁生产中心作为首批

6 家国家清洁生产中心于 1995 年成立。现在该计划已在 47 个发展中国家建立了国家级清洁生产中心,有力地促进了当地工业与环境相协调,推动了环境保护的发展。

1.3.3.2 国际清洁生产宣言

1998 年 9 月 29 日在韩国首尔,在联合国环境署(UNEP)主持下,22 位来自各国政府、大型跨国集团的高层人士首批签署了《国际清洁生产宣言》。原国家环保总局王心芳副局长代表中国政府在此宣言上签字,标志中国政府愿意同其他国家和组织共同推行清洁生产,实现污染预防战略。

《国际清洁生产宣言》是一项声明,承诺采用一种旨在系统地削减污染,提高资源利用率的预防性环境管理战略(即清洁生产)。

作为《国际清洁生产宣言》发起人,UNEP 已经对公共和私营行业领导人就清洁生产的效益进行了广泛宣传教育,但还需做更多的工作,需要有新的伙伴参加。由具有影响力的政治家、公共事业及私营企业领导人承诺采用清洁生产将会增强世界各国对清洁生产的认识和认同,并且有利于在世界范围内更深入、更广泛地推行清洁生产。

迄今为止,全世界已经有 89 个国家或地方政府(包括 54 个国家政府、35 个省级地方政府)、220 家企业和 220 个组织共 529 个签署人签署了该宣言。

可以预见,《国际清洁生产宣言》在世界范围内的广泛签署,将极大地推进环保事业的发展。

1.4 我国的清洁生产发展历程与成就

1.4.1 我国的清洁生产发展历程

清洁生产在我国的发展历程总体上分为三个阶段,即:

第一阶段(1983~1992 年)清洁生产引进消化阶段;

第二阶段(1993~2003 年)清洁生产立法阶段;

第三阶段(2004 年至今)清洁生产循序推进阶段。

1.4.1.1 第一阶段(1983~1992 年)清洁生产引进消化阶段

(1)1983 年,第二次全国环境保护会议,明确提出经济、社会、环境效益"三统一"的指导方针,同年国务院发布技术改造结合工业污染防治的有关规定。

(2)1989 年联合国环境规划署提出推行清洁生产的行动计划后,清洁生产的理念和方法开始引入我国,有关部门和单位开始研究如何在我国推行清洁生产。

(3)1992 年 8 月,国务院制定了《环境与发展十大对策》,提出"新建、改建、扩建项目时,技术起点要高,尽量采用能耗物耗小、污染物排放量少的清洁生产工艺"。清洁生产成为解决我国环境与发展问题的对策之一。

（4）1992 年发布"中国清洁生产行动计划（草案）"。

在这一阶段，我国的清洁生产工作主要集中在对清洁生产概念的消化吸收方面和清洁生产政策的初步研究，是清洁生产工作在我国的起步阶段。由最初的"三统一"指导方针到配合联合国环境署在全球的清洁生产推广工作而草拟的"中国清洁生产行动计划（草案）"共经历了近十年的时间。

1.4.1.2　第二阶段（1993～2003 年）清洁生产立法阶段

（1）1993 年 10 月在上海召开的第二次全国工业污染防治会议上，国务院、国家经济贸易委员会及国家环境保护总局的领导明确提出了工业污染防治必须从单纯的末端治理向生产全过程控制转变、实行清洁生产的要求，明确了清洁生产在我国工业污染防治中的地位。

（2）1994 年 3 月，国务院常务会议讨论通过了《中国 21 世纪议程——中国 21 世纪人口、环境与发展白皮书》，专门设立了"开展清洁生产和生产绿色产品"这一领域。

（3）1996 年 8 月，国务院颁布了《关于环境保护若干问题的决定》，明确规定所有大、中、小型新建、扩建、改建和技术改造项目，要提高技术起点，采用能耗物耗小、污染物排放量少的清洁生产工艺。

（4）1997 年 4 月，国家环境保护总局制定并发布了《关于推行清洁生产的若干意见》，要求地方环境保护主管部门将清洁生产纳入已有的环境管理政策中，以便更深入地促进清洁生产。在《节约能源法》、《固体废物污染环境防治法》等法律中，都增加了清洁生产这方面的内容。

（5）1999 年 3 月，朱镕基总理在全国人大九届二次大会上所作的政府报告中明确提出"鼓励清洁生产"。

（6）1999 年 5 月，国家经贸委发布了《关于实施清洁生产示范试点的通知》，选择北京、上海、天津、重庆、兰州、沈阳、济南、太原、昆明、阜阳等 10 个试点城市和冶金、石化、化工、轻工、纺织等 5 个试点行业开展清洁生产示范和试点。

（7）2002 年 6 月 29 日，九届全国人大常委会第 28 次会议审议通过了《中华人民共和国清洁生产促进法》（2003 年 1 月 1 日施行），该法是我国第一部以污染预防为主要内容的专门法律，是我国全面推行清洁生产的新里程碑，标志着我国清洁生产进入了法制化的轨道。

第二阶段，我国的清洁生产由自发阶段进入政府有组织的推广阶段，也正式加入到世界范围内的清洁生产的行动中。这一阶段的基本特征是清洁生产概念和方法学的引进及其在中国的初步实践，最终在政策研究和实践经验的基础上，制定了《清洁生产促进法》。这一阶段也历经了十年。

1993 年至 2003 年期间，我国与美国、加拿大、荷兰、挪威等多个发达国家以及世界银行、亚洲开发银行、联合国环境署、联合国工业发展组织等多家国际组织展开了全面的清洁生产国际合作。这些国际合作项目为我国清洁生产概念的系统引入、清洁生产方法学的建立以及清洁生产审核实践经验的积累提供了有效的资金支持和技术援助。这些国际合作项目中的清洁生产审核试点主要集中在一些传统的重污染行业，例如造纸、化工、石化、酿造、电镀等，合作的区域主要是一些当时经济欠发达而污染又较为严重的地区，例如陕西、黑龙江、辽宁、安徽、云南等。这些国际合作项目的共同目标就是通过清洁生产这一污染预防的先进理念帮助我国的重污染行业和污染严重的欠发达地区走出一条环境与经济双赢的工业发展之路。

1993 年启动实施的世界银行技术援助项目"推进中国的清洁生产"（B4 子项目）是我国首个清洁生产国际合作项目，该项目首次将联合国环境署在全球推广的清洁生产方法学引入中国，初步形成了符合中国国情的清洁生产审核方法学体系，完成了首批 29 家企业的清洁生产审核试点示范项目，取得了良好效果，并且提出了综合有效的清洁生产政策建议。

1994 年，我国与加拿大政府正式签署了"中国－加拿大清洁生产合作项目"，项目从 1997 年正式启动到 2002 年结束，在污染比较严重的淮河流域选择化工和轻工两个重点行业中的 4 个子行业（化肥、造纸、氯碱、酿造）开展进行清洁生产试点工作，在清洁生产政策研究、清洁生产审核、清洁生产培训与宣传以及建立行业清洁生产技术信息系统方面取得了显著的成效。

1.4.1.3　第三阶段（2004 年至今）清洁生产循序推进阶段

从 2003 年开始，我国清洁生产工作进入有法可依、有章可循阶段。国家发展和改革委员会等有关部门根据《清洁生产促进法》中的有关要求与职能分工，出台和制订了较为详细的清洁生产政策、法规、技术规范、评价指标体系等一系列政策和技术支撑文件，我国清洁生产工作也取得了初步进展与成就。

1.4.2　我国清洁生产的初步成就

我国政府部门有组织地推行清洁生产大大加速了我国清洁生产的进程。自《清洁生产促进法》实施以来，我国清洁生产在以下几方面取得了显著进展：

1.4.2.1　出台相关政策

2003 年国务院转发了国家发展和改革委员会等部门《关于加快推行清洁生产的意见》，对推行清洁生产做了部署，提出了加快结构调整和技术进步、推进企业实施清洁生产、完善法规体系、强化监督管理等重点任务。2004 年，国家发展和改革委员会同国家环境保护总局制定发布了《清洁生产审核暂行办法》，对清洁生产审核做出明确规定。工业和信息化部发布了《关于加强工业和通信业领域清洁生产促进工作的通知》，将清洁生产作为促进产业升级、技术进步、管理创新的重要措施。国家环境保护部出台了针对重点企业实施强制性清洁生产审核的若干政策措施，制定了《关于印发重点企业清洁生产审核程序的通知》、《关于进一步加强重点企业清洁生产审核工作的通知》、《关于深入推进重点企业清洁生产的通知》等文件，建立了促进重点企业清洁生产的政策法规标准体系，使重点企业清洁生产审核有法可依。目前，全国有 3 个省（市）出台了《清洁生产促进条例》，20 多个省（区、市）印发《推行清洁生产的实施办法》，30 个省（区、市）制定了《清洁生产审核实施细则》，22 个省（区、市）制定了《清洁生产审核验收办法》。

1.4.2.2 宣传与培训

《清洁生产促进法》颁布以来，国务院有关部门和地方政府开展了各种形式的法律宣传，通过在网站开辟专栏、在主要媒体组织专版、召开现场会等方式，广泛深入宣传有关法律法规。近年来，全国累计对 25015 家工业企业有关人员进行了培训。2001 年至 2010 年，全国举办了 330 期"国家清洁生产审核师培训班"，培训人员近 2 万人，强化了从业人员的队伍建设。各地也普遍举办各类清洁生产培训班，每年培训人员超过 5 万人次。

1.4.2.3 机构建设

国家有关部委共同组建了"国家清洁生产专家库"，为清洁生产审核、评估提供技术和智力支撑。各地也逐步建立清洁生产专家库和咨询服务机构，积极指导企业开展清洁生产审核工作。目前，各省（区、市）成立了 565 家清洁生产技术咨询服务机构，有专职人员 4200 多人，成为清洁生产技术交流、咨询、推广和清洁生产审核技术服务、项目评审的重要力量。

1.4.2.4 清洁生产实施成效显著

自《清洁生产促进法》颁布实施以来，在经济综合部门、环保部门和工业行业管理部门的共同推动下，各省（市、区）相继开展清洁生产示范工作，涉及的行业包括化工、轻工、建材、冶金、石化、电力、飞机制造业、医药、采矿、电子、烟草、机械、纺织印染等。截止 2009 年底，全国已有 12650 家企业实施了清洁生产审核。据初步统计，2003 年至 2009 年，通过实施清洁生产方案累计削减化学需氧量 227 万吨、二氧化硫 71.2 万吨、氨氮 5.1 万吨，节水 118 亿吨，节能 4932 万吨标煤，取得经济效益 482 亿元。

1.5 我国清洁生产法律法规、政策综述

我国颁布的《清洁生产促进法》2003 年生效实施。从法律上明确了我国从粗放生产方式向清洁生产方式转型的基本任务。但落实《清洁生产促进法》提出的任务，还需制定相应配套的政策措施，监督实施，不断完善，才能加快粗放

生产方式向清洁生产方式转化。为此，我国政府有关部门陆续颁布了有关政策、指导意见、管理办法、技术导向目录、清洁生产技术推行方案等，初步形成了促进清洁生产的政策法规体系，为全面推动我国清洁生产工作提供了有力支撑。

1.5.1 清洁生产的法律基础——中华人民共和国清洁生产促进法

2003 年，《中华人民共和国清洁生产促进法》（以下简称《清洁生产促进法》）正式施行，标志着我国迈向了清洁生产有法可依的全新阶段。为了配合《清洁生产促进法》的有效落实，相关部委按照各自职能颁布了多个推行方案及政策：

（1）2003 年 12 月 17 日，国务院转发国家发展和改革委员会等 11 个部门联合文件《关于加快推行清洁生产的意见》，提出了推行清洁生产的总体工作规划。

（2）2004 年，国家发展和改革委员会同原国家环境保护总局制定发布了《清洁生产审核暂行办法》，对清洁生产审核的作用、对象、程序做出明确规定。

（3）2005 年，国务院印发了《节能减排综合性工作方案》，将清洁生产作为节能减排工作的重要方面，提出全面推行清洁生产。

2012 年 2 月 29 日，中华人民共和国第十一届全国人民代表大会常务委员会第二十五次会议表决通过了《全国人民代表大会常务委员会关于修改〈中华人民共和国清洁生产促进法〉的决定》，国家主席胡锦涛签署第 54 号主席令予以公布。这一决定自 2012 年 7 月 1 日起施行。

修改后的《清洁生产促进法》规定，有下列情形之一的企业，应当实施强制性清洁生产审核：污染物排放超过国家或者地方规定的排放标准，或者虽未超过国家或者地方规定的排放标准，但超过重点污染物排放总量控制指标的；超过单位产品能源消耗限额标准构成高耗能的；使用有毒、有害原料进行生产或者在生产中排放有毒、有害物质的。

修改后的《清洁生产促进法》还规定，中央预算应当加强对清洁生产促进工作的资金投入，包括中央财政清洁生产专项资金和中央预算安排的其他清洁生产资金，用于支持国家清洁生产推行规划确定的重点领域、重点行业、重点工程实施清洁生产及其技术推广工作，以及生态脆弱地区实施清洁生产的项目。

1.5.2 清洁生产技术目录

清洁生产技术作为清洁生产以污染源头削减的方式实现工业行业技术进步和提升的核心与关键，一直是国家相关部委在清洁生产推行工作中的重点与发展方向。

原国家经济贸易委员会、国家发展和改革委员会和原国家环境保护总局分期发布了三批《重点行业清洁生产技术导向目录》，引导企业采用先进、适用的清洁生产工艺技术。为新建项目、技术改造建设项目、扩建项目优先采用资源利用率高、污染物产生量少的清洁生产技术、工艺、设备，提供先进的技术资源。

2009 年，工业和信息化部作为工业行业清洁生产的推进部门，在原有的《重点行业清洁生产技术导向目录》的基础上，继续印发了聚氯乙烯等 17 个重点行业清洁生产技术推行方案，加快先进清洁生产技术的应用推广，提升行业清洁生产水平。

1.5.3　清洁生产水平评价标准

自 2006 年以来，国家发展和改革委员会陆续发布 30 个行业清洁生产评价指标体系，主要用于评价企业清洁生产水平，作为创建清洁生产先进企业的主要依据，并为企业推行清洁生产提供技术指导。

环境保护部也陆续编制并颁布了 58 个行业清洁生产标准，为各行业推行清洁生产提出了量化标准，同清洁生产评价指标体系共同为推动我国工业企业清洁生产工作提供了技术支撑。

从 2011 年起，国家发展和改革委员会将联合环境保护部、工业和信息化部等相关部委共同编制并颁布统一的清洁生产评价指标体系，逐步建立我国较为系统、完善的清洁生产评价技术支撑体系。

1.5.4　清洁生产激励政策及措施

1.5.4.1　财政政策

财政政策是世界各国推行清洁生产的重要手段。通常采用优先采购、补贴或奖金、贷款或贷款加补贴的形式鼓励企业实施清洁生产计划及节约能源项目。

修改后的《清洁生产促进法》中规定我国推行清洁生产采取的财政鼓励政策主要有：

（1）中央预算应当加大对清洁生产促进工作的资金投入，包括中央财政清洁生产专项资金和中央预算安排的其他清洁生产资金，用于支持国家清洁生产推行规划确定的重点领域、重点行业、重点工程实施清洁生产及其技术推广工作，以及生态脆弱地区实施清洁生产的项目。

（2）县级以上地方人民政府应当统筹地方财政安排的清洁生产促进工作的资金，引导社会资金，支持清洁生产重点项目。

（3）各级人民政府应优先采购或者按国家规定比例采购节能、节水、废弃物再生利用等有利于环境与资源保护的产品，并应通过宣传、教育等措施，鼓励公众购买和使用节能、节水、废弃物再生利用等有利于环境与资源保护的产品。

（4）对从事清洁生产研究、示范和培训，实施国家清洁生产重点技术改造项目和自愿节约资源、削减污染物排放协议中载明的技术改造项目，由县级以上人民政府给予资金支持。

（5）在依照国家规定设立的中小企业发展基金中，应当根据需要安排适当数额用于支持中小企业实施清洁生产。

2003年，财政部会同原国家环境保护总局出台了《排污费资金收缴使用管理办法》，要求排污费收入的10%作为中央环境保护专项资金，90%作为地方环境保护专用资金。资金用于四个方面：一是重点污染源防治项目；二是区域性污染防治项目；三是污染防治新技术工艺的研发项目以及清洁生产技术、工艺的推广应用；四是国务院规定的其他污染防治项目。

2009年，财政部会同工业和信息化部联合印发了《中央财政清洁生产专项资金管理暂行办法》（财建〔2009〕707号），利用中央财政资金专项支持清洁生产技术示范项目，支持和引导企业实施重大清洁生产共性关键技术和推广先进适用的清洁生产技术。

1.5.4.2 税收政策

我国为加大环境保护工作的力度，制订了一系列的环保税收优惠政策，在推行清洁生产过程中，企业可充分利用这些优惠政策，主要有：

（1）所得税优惠：对利用废水、废气、废渣等废弃物作为原料进行生产的，在5年内减征或免征所得税——《关于企业所得税若干优惠政策的通知》（财税字〔1994〕001号）；

（2）增值税优惠：对利用废物生产产品的和从废物中回收原料的，税务机关按照国家有关规定，减征或者免征增值税。如对以煤矸石、粉煤灰和其他废渣为原料生产的建材产品，以及利用废液、废渣提炼黄金、白银等免征增值税——《关于对部分资源综合利用产品免征增值税的通知》（财税字〔1995〕44号）；

企业可以结合以上各税收减免优惠，按有关规定向有关部门进行申报和审批。

1.5.5 造纸行业产业政策及与清洁生产相关的要求

1.5.5.1 造纸行业产业发展政策

2007年10月，国家发展和改革委员会发布了《造纸产业发展政策》，成为造纸行业最直接的产业政策要求，其中与清洁生产相关的产业政策目标有以下几个方面：

（1）在"政策目标"方面

1）"坚持改革开放，贯彻落实科学发展观，走新型工业化道路，发挥造纸产业自身具有循环经济特点的优势，实施可持续发展战略，建设有中国特色的现代造纸产业。"

2）"转变增长方式，增强行业和企业社会责任意识，严格执行国家有关环境保护、资源节约、劳动保障、安全生产等法律法规。到 2010 年实现造纸产业吨产品平均取水量由 2005 年 $103m^3$ 降至 $80m^3$、综合平均能耗（标煤）由 2005 年 1.38t 降至 1.10t、污染物（COD）排放总量由 2005 年 160 万吨减到 140 万吨，逐步建立资源节约、环境友好、发展和谐的造纸产业发展新模式。"

（2）在"产业布局"方面

1）"造纸产业布局要充分考虑纤维资源、水资源、环境容量、市场需求、交通运输等条件，发挥比较优势，力求资源配置合理，与环境协调发展。"

2）调整原料结构、减少企业数量、提高生产集中度。淘汰落后草浆产能，增加商品木浆和废纸的利用，适度发展林纸一体化，控制大量耗水的纸浆项目，加快区域产业升级，确保在发展造纸产业的同时不增加或减少水资源消耗和污染物排放。

（3）在"纤维原料"方面

"加大国内废纸回收，提高国内废纸回收率和废纸利用率，合理利用进口废纸。尽快制定废纸回收分类标准，鼓励地方制定废纸回收管理办法，培育大型废纸经营企业，建立废纸回收交易市场，规范废纸回收行为。"

（4）在"技术与装备"方面

1）"制浆造纸装备研发的重点为：年产 30 万吨及以上的纸板机成套技术和设备；幅宽 6m 左右、车速每分钟 1200m、年产 10 万吨及以上文化纸机；幅宽 2.5m、车速每分钟 600m 以上的卫生纸机成套技术和设备；年产 10 万吨高得率、低能耗的化学机械木浆成套技术及设备；年产 10 万吨及以上废纸浆成套技术和设备；非木材原料制浆造纸新工艺、新技术和新设备的开发与研究，特别是草浆碱回收技术和设备的开发；以及节水、节能技术和设备。要在现有基础上，加大自主创新力度，尽快形成自主知识产权，实现成套装备国产化。"

2）"造纸产业技术应向高水平、低消耗、少污染的方向发展。鼓励发展应用高得率制浆技术、生物技术、低污染制浆技术、中浓技术、无元素氯或全无氯漂白技术、低能耗机械制浆技术、高效废纸脱墨技术等以及相应的装备。优先发展应用低定量、高填料造纸技术，涂布加工技术，中性造纸技术，水封闭循环技术，化学品应用技术以及宽幅、高速造纸技术，高效废水处理和固体废物回收处理技术。"

3）"淘汰年产 3.4 万吨及以下化学草浆生产装置、蒸球等制浆生产技术与装备，以及窄幅宽、低车速的高消耗、低水平造纸机。禁止采用石灰法制浆，禁止新上项目采用元素氯漂白工艺（现有企业应逐步淘汰）。禁止进口淘汰落后的二手制浆造纸设备。"

（5）在"组织结构"方面

1）"在新建大型木浆生产企业的同时，加快整合现有木浆生产企业，关停规模小、技术落后的木浆生产企业。鼓励发展若干大中型商品木浆生产企业或企业集团；充分利用竹子资源，支持发展一批年产 10 万吨以上的竹浆生产企业；改变小型废纸浆造纸企业数量过多的现状，促进中小型废纸浆造纸企业扩大规模，提高集中度；原则上不再兴建化学草浆生产企业。"

2)"中小型造纸企业要向'专、精、特、新'方向发展，淘汰产品质量差、资源消耗高、环境污染重的小企业，减少小企业数量。"

(6) 在"资源节约"方面

1)"贯彻执行国务院《关于加快发展循环经济的若干意见》，按照减量化、再利用、资源化的原则，提高水资源、能源、土地和木材等使用效率，转变增长方式，建设资源节约型造纸产业。"

2)"增强全行业节水意识，大力开发和推广应用节水新技术、新工艺、新设备，提高水的重复利用率。在严格执行《造纸产品取水定额》的基础上，逐步减少单位产品水资源消耗。新建项目单位产品取水量在执行取水定额"A"级的基础上减少 20% 以上，目前执行"B"级取水定额的企业 2010 年底按"A"级执行。"

3)"鼓励企业采用先进节能技术，改造、淘汰能耗高的技术与装备，充分发挥制浆造纸适宜热电联产的有利条件，提高能源综合利用效率。"

(7) 在"环境保护"方面

1)"大力推进清洁生产工艺技术，实行清洁生产审核制度。新建制浆造纸项目必须从源头防止和减少污染物产生，消除或减少厂外治理。现有企业要通过技术改造逐步实现清洁生产。要以水污染治理为重点，采用封闭循环用水、白水回用，中段废水处理及回收、废气焚烧回收热能、废渣燃料化处理等'厂内'环境保护技术与手段，加大废水、废气和废渣的综合治理力度。要采用先进成熟废水多级生化处理技术、烟气多电场静电除尘技术、废渣资源化处理技术，减少'三废'的排放。"

2)"制浆造纸废水排放要实行许可证管理，严格执行国家和地方排放标准及污染物总量控制指标。全面建设废水排放在线监测体系，定期公布企业废水排放情况。制定激励政策，鼓励达标企业加大技术改造和工艺改进力度，进一步减少水污染物排放。依法责令未达标企业停产整治，整改后仍不达标或超总量指标的企业要依法关停。"

(8) 在"行业准入"方面

1) 进入造纸产业的国内外投资主体必须具备技术水平高、资金实力强、管理经验丰富、信誉度高的条件。企业资产负债率在 70% 以内，银行信用等级 AA 级以上。

2) 制浆造纸重点发展和调整省区应编制造纸产业中长期发展规划，其内容必须符合国家造纸产业发展政策的总体要求,并报国家投资主管部门备案。大型制浆造纸企业集团应根据国家造纸产业发展政策编制企业中长期发展规划,并报国家投资主管部门备案。

3)"造纸产业发展要实现规模经济,突出起始规模。新建、扩建制浆项目单条生产线起始规模要求达到:化学木浆年产30万吨、化学机械木浆年产10万吨、化学竹浆年产10万吨、非木浆年产5万吨;新建、扩建造纸项目单条生产线起始规模要求达到:新闻纸年产30万吨、文化用纸年产10万吨、箱纸板和白纸板年产30万吨、其他纸板项目年产10万吨。"

4)"新建项目吨产品在COD排放量、取水量和综合能耗(标煤)等方面要达到先进水平。其中漂白化学木浆为10kg、45m³和500kg;漂白化学竹浆为15kg、60m³和600kg;化学机械木浆为9kg、30m³和1100kg;新闻纸为4kg、20m³和630kg;印刷书写纸为4kg、30m³和680kg。"

5)单一企业(集团)单一纸种国内市场占有率超过35%,不得再申请核准或备案该纸种建设项目;单一企业(集团)纸及纸板总生产能力超过当年国内市场消费总量的20%,不得再申请核准或备案制浆造纸项目。

1.5.5.2 造纸产业调整和振兴规划

2009年3月,为了应对国际金融危机的影响,落实党中央、国务院保增长、扩内需、调结构的总体要求,确保轻工行业平稳运行,加快结构调整,推动产业升级,国务院办公厅发布了《轻工业调整和振兴规划》,成为2009～2011年轻工行业产业综合性应对措施的行动方案和振兴的纲领性文件。造纸行业是《规划》重点扶持的行业之一,《规划》中包括了造纸行业的多项内容。《规划》的实施必将对我国造纸行业近年及今后的发展产生较大影响。

《规划》中的政策与措施,体现了长短期发展并重的原则,涉及造纸行业的内容主要体现在"加强技术创新和技术改造"、"鼓励兼并重组和淘汰落后"等方面。主要包括:(1)推进节能减排,改变增长方式,使造纸行业由传统的外延扩张型向资源节约型和环境友好型转变。(2)实施产业退出机制,使落后产能被淘汰,而先进生产能力得到保护和扶持。(3)提高自主创新能力,加快技术改造,提升行业技术装备总体水平。(4)鼓励兼并重组,提高产业集中度,培育优势企业,提高竞争力。(5)调整相关政策,体现政策的叠加效应,促进造纸行业可持续发展等。

《轻工业调整和振兴规划》中涉及造纸行业的主要内容有:

(1)2009～2011年淘汰落后制浆造纸产能200万吨以上;2009～2011年淘汰落后制浆造纸产能200万吨以上;造纸行业重点淘汰年产3.4万吨以下草浆生产装置和年产1.7万吨以下化学制浆生产线,关闭排放不达标、年产1万吨以下以废纸为原料的造纸厂;

（2）2011 年污染物 COD 排放量比 2007 年减少 10 万吨，废水排放量比 2007 年减少 9 亿吨；

（3）加快林纸一体化重点项目建设，新增木浆 220 万吨，竹浆 30 万吨生产能力；

（4）自主创新取得成效，中型高速纸机成套装备实现自主化；

（5）造纸装备重点发展大幅宽、高车速造纸成套设备；

（6）造纸行业加快应用清洁生产、非木浆碱回收、污水处理、沼气发电技术，推广污染物排放在线监测系统；

（7）支持造纸行业应用深度脱木素、无元素氯漂白、中高浓等技术和全自动控制系统进行技术改造。

1.5.5.3　制浆造纸行业清洁生产评价指标体系（试行）

2006 年 12 月 1 日国家发展和改革委员会公布《制浆造纸行业清洁生产评价指标体系（试行）》（以下简称《指标体系》），并于发布之日起施行。

《指标体系》用于评价制浆造纸企业的清洁生产水平，作为创建清洁生产先进企业的主要依据，为企业推行清洁生产提供技术指导。指标体系依据综合评价所得分值将企业清洁生产等级划分为两级，即代表国内先进水平的"清洁生产先进企业"，和代表国内一般水平的"清洁生产企业"。

指标体系适用于制浆造纸行业，包括木浆、非木浆、废纸浆等制浆企业，新闻纸、印刷书写纸、生活用纸、涂布纸、包装纸及纸板等造纸企业以及浆纸联合生产企业。

根据清洁生产的原则要求和指标的可度量性，指标体系分为定量评价和定性要求两大部分。

定量评价指标选取了有代表性的、能反映"节能"、"降耗"、"减污"和"增效"等有关清洁生产最终目标的指标，建立评价模式。通过对各项指标的实际达到值、评价基准值和指标的权重值进行计算和评分，综合考评企业实施清洁生产的状况和企业清洁生产程度。

定性评价指标主要根据国家有关推行清洁生产的产业发展和技术进步政策、资源环境保护政策规定以及行业发展规划选取，用于定性考核企业对有关政策法规的符合性及其清洁生产工作实施情况。

2 造纸行业的清洁生产

2.1 造纸行业概况

造纸行业是国民经济重要的基础原材料产业之一，是我国国民经济中的重要组成部分，是可实现循环经济的重要产业，具有旺盛的生命力。纸及纸板的消费水平已成为衡量一个国家现代化水平和文明程度的一个重要标志。由于造纸行业以木材、竹、芦苇等原生植物纤维和废纸等再生纤维为原料，产品可部分替代塑料、钢铁、有色金属等不可再生资源，因而具有可持续发展的特点。2009年，我国纸及纸板生产量8640万吨，居世界第1位；消费量已达到8569万吨。2000~2009年，纸及纸板生产量年均增长12.27%，消费量年均增长10.2%。我国已成为世界上纸张生产、消费及贸易大国，在世界造纸行业竞争格局中已具有相当的影响力，具有广阔的发展前景。

2.1.1 造纸行业发展现状

我国造纸行业正处于高速发展期，造纸企业规模正向大型化发展，产量集中度逐步加大，企业数已从1995年的7000家缩减到2009年的3700家，平均规模从年产3400吨提高到2.3万吨，预计到2015年我国造纸企业平均规模为年产8万~8.5万吨，达到目前世界平均水平，但仍远低于国际先进水平。

2.1.1.1 造纸行业存在的主要问题

作为传统产业，我国造纸行业集中度不高、环境污染严重，废纸回收利用率较低的问题突出，资源与环境问题已经成为造纸行业可持续发展的瓶颈。造纸行业的资源能源消耗和污染物排放水平与国外先进水平相比，还存在较大差距，这种状况已经明显影响到了行业经济的进一步可持续发展。造成我国造纸行业差距的主要原因有以下几个方面：

（1）相当多企业的生产工艺落后。

（2）企业平均规模偏低。主要造纸国家企业平均规模浆产量年产20万吨，纸产量年产9万吨，而2009年我国纸厂平均规模才2.3万吨。企业规模大，有利于综合利用能源，即为能源节约、回收和有效利用创造了有利条件。我国企业平均规模低，不利于采用高效能的生产技术装备，不利于采用碱回收、热电联产等节能减排的先进技术及装备。

（3）能源结构不合理和原料差别大。国外在制浆原料中木材的比重比我国大得多。木材在制浆过程中提供特有的伴生能源，如树皮和制浆废液中溶解的有机物，从中可以回收能源，利用这种能源，经燃烧产生热能，获得的蒸汽先发电后再用于制浆造纸生产，经过多次利用，造纸行业能源自给率可以达到40% ~ 50%。我国造纸行业的自制草浆占有较大比例，废液中可燃物的热能（值）比木浆黑液低，一些草类原料制浆废液的回收比木材原料制浆废液的回收难度大，特别是小纸厂制浆废液的回收在技术经济上尚未过关，我国利用这种"伴生能源"的企业很少，利用水平较低。

（4）技术装备水平较低。当前国外造纸技术正以很快的速度向着大型、高效、自动化、低能耗、无污染、高得率、低定量的方向发展，在一些新技术领域酝酿着新的突破。我国只有少数企业与国际接轨，大部分企业技术装备较落后。

（5）通用耗能设备能效低。我国造纸行业能源利用率低、浪费大，产品的单位能耗高，与这些设备技术水平低有密切关系。在供热系统方面，除少数大中型企业装备比较先进以外，大部分工厂供热系统装备非常差，供热系统能耗大，存在运行水平低、锅炉排烟温度偏高、空气过剩系数偏大等，主要表现在锅炉效率低，一般仅有60% ~ 70%；动力设备电机效率偏低，存在大马拉小车的现象。

2.1.1.2　采取的主要措施

（1）大力调整原料结构，增加木浆和废纸浆的比重。2005年日本、韩国和中国的废纸利用率分别为71.1%、71.8%和54%。无论是从资源还是从节能来看，提高废纸利用率才是我国造纸业的出路。2009年我国消耗的废纸浆占总消耗纸浆的百分比已经达到62%，但是废纸回收率只在30%左右徘徊。我国必须通过各种方法和途径，努力提高废纸的回收率。

（2）坚决淘汰落后的产能和设备，强化现有设备的技术改造。选用节能设备，加强企业管理，实现资源、能源和消耗的减量。

（3）积极鼓励先进企业扩大企业规模，兼并重组，做大做强，实现规模效益。

（4）调整能源结构。国外造纸行业外购燃料以重油、天然气为主，燃烧效率高。国内以煤炭为主（约占70%），燃烧效率低，污染严重。提高热电联产的比例和集中供暖，可提高燃料利用率。积极利用自产能源，蒸煮废液溶解了来自植物纤维原料约50%的有机物质，伴生能源的利用问题应引起重视。综合利用包括废液、废气、废渣等，废渣用于锅炉燃烧，废液可以生产黏合剂，废气可以回收热量等。以现有条件为基础，借鉴国外先进的技术，尽可能把节水、节电工作做好，使余温、余压、余热都能得到充分利用，减少资源浪费。

（5）积极采用先进技术与设备。在制浆造纸生产的各个部分，采用先进节能降耗的技术和生产装备，从而利用先进性的生产技术保证节能降耗、清洁生产目标的实现。

总之，受投资成本大，原料资源缺乏，工艺技术、装备水平和废水治理技术水平较低等方面的限制，造成了目前小纸浆厂严重污染环境的局面。但巨大市场需求与环境压力、资源匮乏的矛盾使造纸企业必须走清洁生产、节能降耗、循环经济之路。

2.1.2 造纸行业存在问题分析

近年来，我国造纸行业的高速发展所带来的能源和环境问题日益凸显。众所周知，制浆造纸行业的三大特点是：资金密集、技术密集、规模效益显著。与此同时，造纸还是能源消耗密集型的产业，是国家轻工产业中的能耗大户。我国造纸行业在原料结构、环境影响、能源消耗等方面的现状决定了我国造纸行业污水负荷和能耗的现状，清洁生产与节能减排面临的形势十分严峻。

2.1.2.1 造纸行业原料状况现状

2009 年全国纸浆消耗总量 7980 万吨，其中木浆 1866 万吨，较上年增长 14.9%，比例占 23%，较上年增加 1 个百分点；非木浆 1175 万吨，较上年下降 9.41%，比例占 15%，较上年下降 3 个百分点；废纸浆 4939 万吨，较上年增长 11.26%，比例占 62%，较上年增加 2 个百分点。木浆中，进口木浆比例上升 3 个百分点；废纸浆中，进口废纸浆比例上升 2 个百分点，国产废纸浆比例与上年持平；非木浆中，稻麦草浆比例比上年下降 2.5 个百分点，下降幅度较大。我国造纸工业主要纤维原料结构近年来变化见表 2 - 1。以上数字表明，全国纸浆消费结构中，非木浆比例继续呈明显下降趋势，废纸浆增幅加大，支撑着纸浆结构的调整。由于进口木浆和进口废纸浆分别增长 38% 和 14%，进口纤维原料量（包括废纸）占纸浆总消耗量为 44%，比上年增长 5 个百分点，表明我国造纸原料对国外依存度增加。

表 2 - 1　我国造纸工业主要纤维原料结构变化

消费量和所占比例	2000 年		2005 年		2006 年		2007 年		2008 年		2009 年	
	消费量/万吨	占比例/%	消费量/万吨	占比例/%	消费量/万吨	占比例/%	消费量/万吨	占比例/%	消费量/万吨	占比例/%	消费量/万吨	占比例/%
总量	2790	100	5200	100	5992	100	669	100	7360	100	7980	100
木浆	535	19.1	1130	21.7	1322	22.1	1450	21.4	1624	22.1	1866	23
其中：国产木浆	200	7.1	371	7.1	526	8.8	605	8.9	672	9.1	551	7
进口木浆	335	12.0	759	14.6	795	13.3	845	12.5	952	12.9	1315	16
非木浆	1115	40.0	1260	24.3	1290	21.5	1302	19.2	1297	17.6	1175	15
其中：苇、荻浆	100	3.6	130	2.5	145	2.4	144	2.1	147.5	2.2	144	1.8
竹浆	30	1.1	120	2.3	140	2.3	120	1.8	138	1.9	161.2	2.02

消费量和所占比例	2000 年		2005 年		2006 年		2007 年		2008 年		2009 年	
	消费量/万吨	占比例/%	消费量/万吨	占比例/%	消费量/万吨	占比例/%	消费量/万吨	占比例/%	消费量/万吨	占比例/%	消费量/万吨	占比例/%
蔗渣浆	30	1.1	65	1.3	74	1.2	90	1.3	96.6	1.3	98	1.23
禾草浆	862	30.9	830	16.0	800	13.4	849	12.5	803.7	10.9	675.5	8.46
棉、麻浆	20	0.7	—	—	15	0.3	25	0.4	—	—	—	—
其他	73	2.6	115	2.2	116	1.9	74	1.1	101.6	1.4	96.7	1.21
废纸浆	1140	40.9	2810	54.0	3380	56.4	4017	59.3	4439	60.3	4939	62
其中：国产废纸浆	843	30.3	1448	27.8	1810	30.2	2212	32.7	2503	34.0	2739	34
进口废纸浆	297	10.6	1362	26.3	1570	26.2	1805	26.7	1936	26.3	2200	28

数据来源：《中国造纸年鉴》。

A　木材原料

我国造纸行业资源不足且利用率较低，比较高速发展与资源利用和环境影响之间的关系，我国目前首先存在造纸资源不足且利用率较低的问题。

木材原料造纸，从技术上已基本上可以做到对环境少污染，甚至无污染，是造纸行业的首选；另一方面，随着对高档纸的需求越来越多，中国造纸业对木浆的需求急剧上升不可避免造成对森林资源和林业生态的巨大压力。

造纸企业纸浆原料与当地资源密切相关，但是目前我国造纸企业分布还未与资源对应，在某些地区过于集中。尽管"以木浆为主，草浆为辅"早在 1951 年就被提出作为中国制浆造纸行业的发展方向，但与此形成极大反差的是，我国森林覆盖率低、人均资源极端贫乏而且资源地域分布不均，以天然木纤维为主要原料的目标难以实现。

走"林纸一体化"无疑是中国造纸业的大势所趋，以企业发展造纸专用速成林，形成以厂种林，以林养厂的可持续局面。然而，"林纸一体化"工程推行起来存在以下问题：

（1）如果土地分配不好，在耕地日趋紧张的情况下，则可能造成造纸与粮争地的局面。比如在造纸企业密集的东部地区，人均耕地面积少，容易出现林—纸—农产业冲突的局面。

（2）单一发展人工林存在生态风险和引起社会利益的冲突，容易出现生态问题，发展速度受生态制约。如速生丰产林建设对土壤、水资源、生物多样性、抗病虫害的影响，这种影响在天然林集中区尤甚。

（3）林木的生长速度远远赶不上市场需求的增长速度，中国能够为造纸业造林的地域毕竟是有限的。所以我国造纸企业大力发展木浆面临的林木资源缺乏和可持续发展问题远比造纸企业技术和环保问题困难和严重得多。

我国纸浆原料消耗中木纤维原料增多在很大程度上依赖进口，对于进口商品纸浆来说，在近期内国际市场还是比较乐观的，但是从长远来看，行业的原料安全性受到很大的挑战。从国际上的总体情况来看，全球平均每生产 1 吨纸和纸板将会消耗 500 千克原生纸浆，其他都为废纸纤维和辅料。2009 年中国纸和纸板的产量超过 8600 万吨，则需要原生纸浆 4300 万吨。2007 年全球的商品纸浆净出口仍然维持在 3000 万吨左右，中国进口了 845 万吨，略低于 1/3。未来中国进口的商品纸浆总量或将达到或超过全球纸浆净出口总量的 50%，届时将严重受到依赖进口的制约。

B　二次纤维原料

废纸原料比例快速上升，二次纤维原料的利用体现了社会进步，目前制约这一原料发展的问题是国内废纸回收利用率不高，国内废纸分类及收购机制尚待完善和健全。2007 年 5 月商务部令〔2007〕第 8 号《再生资源回收管理办法》出台，可以有效地规范和提高废纸的回收和利用，但国内废纸回收利用率的提高不可能依靠一两个法律法规的实行而一蹴而就，还应引起有关方面重视，加大措施，使废纸回收的法律规范和政策支持具体化。法律定规矩，规矩养习惯，习惯成自然，自然化观念，还需要很长的过程。只有真正给回收利用的一个个具体环节以合理的规范，我国的废纸回收利用率才能真正地得到提高。

C　草类原料

由于造纸原料结构调整，非木浆比例继续呈明显下降趋势，这是因为非纤维原料纤维素含量低，制浆原料消耗大（禾草浆料比约 1:2.5）、辅助试剂用量多，成纸质量差，不仅吨浆耗水量大（约 150~200t/t 浆），排放废水多，而且草浆生产规模都较小，不能利用碱回收，处理困难，造成严重的环境污染，派生出发展与环境的冲突。

近几年虽已关闭了一大批污染严重的小草浆厂，但是在剩下的草浆生产线中有碱回收装置的草浆产量仅占草浆总产量的 30%，随着环境保护力度不断加大，有的面临关闭，有的需调整改造、增加环保措施、向大型化发展，但按现有的中小草浆生产工艺，即使是有碱回收的生产线，包括干湿法备料、横管连蒸、真空洗浆机逆流洗涤、封闭压力筛选、多段漂白等完善的生产系统，每吨浆产生的 COD_{Cr} 污染源仍很高，尤其是漂白工艺，仍沿用发达国家早已淘汰的含元素氯 CEH 三段漂白，废水中除了高负荷的 BOD 和 COD 外，还有相当数量的有机氯化物（AOX），在生化处理中，其大部分不降解，造成水体严重污染。因此开发进一步减少污染的草类制浆技术及先进高效的技术装备，仍是造纸行业科学技术发展的一项艰巨任务，对未来的清洁生产节能减排至关重要。

我国中部及西南地区经济相对落后，但这些地区非木纤维资源、人力资源和环境资源丰富。如何与东部地区协调发展，开展可持续制浆造纸行业，也是关系行业整体发展的问题。

D 其他化工原料

此外，化学原料的使用也存在产地不均，多行业竞争使用的局面。一方面消耗大量的能源；另一方面与其他化工行业争夺化工原料。如造纸行业消耗了大量的氢氧化钠，这些氢氧化钠若回收利用不好就随造纸黑液进入自然水体，造成严重的污染等环境问题，可持续发展受到严重挑战。

2.1.2.2 造纸行业环境影响现状

除技术和装备水平外，废水排放、环境污染程度等也直接影响着造纸行业的发展。就目前我国造纸行业总体而言，基本的状况是用水量大，能耗高，废水及污染物排放量大，对水体污染严重。环保问题是我国造纸业面临的巨大挑战，2008 年全国造纸排水 40.77 亿吨，占全国工业总排放量的 18.76%；COD 排放量 128.8 万吨，占全国工业总排放量的 31.82%；其中草类制浆 COD 排放量占整个造纸行业排放总量的 60%，是主要的污染源。万元工业产值（现价）化学需氧量（COD）排放强度为 25kg，比 2007 年降低 37.50%。造纸行业废水处理设施年运行费用为 46.2 亿元，比 2007 年增加 2.8 亿元，增长 6.45%。

A 我国水资源现状

我国是一个水资源大国，水资源总量为 27700 亿立方米，居世界第六位，但由于我国人口众多，人均占有量只有 $2100m^3$，约为世界人均水量的 1/4。如果按人均拥有水量 $2000m^3$ 为严重缺水的国际标准衡量，我国已达到严重缺水的边缘。水资源短缺已成为制约我国经济和社会发展的重要因素。同时，我国幅员辽阔，水资源分布不均，一些地区严重缺水。

在我国东部造纸行业发达地区，存在河流湖泊严重污染问题，如淮河、海河、辽河流域、洞庭湖等地区；在水资源缺乏地区又存在地下水过度使用，土地和地下水系严重污染的问题，如河南、河北、山东部分地区。发展我国造纸行业，存在水资源总量不足的严重制约问题。

B 造纸行业利用水资源现状

在水资源利用方面，2008 年制浆造纸及纸制品产业（统计企业 5759 家，比 2007 年减少 59 家）用水总量为 108.96 亿立方米，其中新鲜水量 48.84 亿吨，占工业总耗新鲜水量的 8.89%，虽然，水重复利用率逐年提高，但仍然是全国工业取水量仅次于纺织的第二取水量大户。

2008 年我国纸与纸板万元工业产值新鲜水用量（取水量）为 94.0t，比上年减少 30.1t，降低 24.3%。重复用水量为 60.12 亿吨，水重复利用率为 55.18%，比上年提高 3.78 个百分点。我国典型纸业各种不同纸和浆品种实际取水量，与

国外先进纸厂水耗 $10\sim20\mathrm{m^3/t}$ 纸（甚至低于 $10\mathrm{m^3}$）的水平相差不大；纸综合水耗 $\mathrm{m^3/t}$ 木浆与国外先进水平 $35\sim50\mathrm{m^3/t}$ 木浆相差也不大，但非木浆纸综合水耗 $110\mathrm{m^3/t}$ 浆相比就有明显差距；而吨纸水耗高达 $100\mathrm{m^3}$ 以上、吨浆纸综合水耗高达 $300\mathrm{m^3/t}$ 以上的企业，主要是一些规模偏小、装备落后的草浆造纸厂，世界纸厂规模平均 9 万吨/年，我国年产低于 2 万吨/年的小企业占 80% 以上，这些企业总数大、产能低，严重影响着我国造纸行业水资源利用率，这些企业的整合、改造和升级有巨大的节水潜力。

C 造纸行业企业污染治理存在的问题

众所周知，制浆造纸资源消耗大，排放废物成分复杂、种类多、数量大，造成严重的环境污染。绝大多数企业希望达标排放，但是，抛开黑液治理不管，没有碱回收设施的化学浆企业，需厂外治理的混合（中段）废水 COD 浓度 $4300\sim7320\mathrm{mg/L}$，这么高的浓度，单靠末端治理，要减至 $100\mathrm{mg/L}$（GB 3544—2008）的排放标准，不仅技术难度极大，而且投资和运行费用企业无法承担。以废水排放为例，一般草浆企业吨浆纸耗水 $150\sim300\mathrm{t}$ 的情况下，废水治理要达标排放，首先，目前的运行成本是企业自身无法承受的；其次是末端处理技术问题，造纸废水极性强（强碱或强酸）、悬浮物多、成分复杂、可生化性差，治理难度较大。全部依赖末端治理，技术难度很大，并且影响污染物降解的因素很多、运行周期延长，成本增大，实际应用的可行性降低；最后是存在废水治理过程中产生的大量副产物如何利用问题，如混凝沉淀、活性污泥等再产生废物，数量巨大。所以全部依靠末端治理存在很大的技术压力。

由于经济和技术方面的原因，造纸企业废弃物的末端治理存在着巨大的局限性。第一是生产过程中许多物质是可以重复利用而无需直接排放的，比如大量的水可以循环使用，蒸煮碱液可以循环使用等，如果所有排放物都混合在一起，不仅治理难度加大，而且无法再利用；第二是现有技术不可能对所有废弃物进行治理，有些物质必须在生产过程中减少产生或杜绝产生，比如二噁英一旦产生就很难治理。所以，仅靠末端治理要达标排放几乎不可能，企业必须积极开展清洁生产活动，从污染产生的源头进行控制，削减污染排放。

2.1.2.3 造纸行业能耗现状

制浆造纸行业总能耗近几年没有明显降低。虽然由于技术进步和节能措施，标准煤耗逐年减少，但是由于产量增长，总煤耗仍然逐年递增。

我国造纸行业除少数企业达到国际先进水平外，大部分企业吨产品综合能耗和综合取水量平均处于高位运行。我国造纸行业所消耗的能源以外购为主，主要为原煤、外购电力、蒸汽、天然气和重油，其中前两类分别占总能耗的 73% 和 23%。我国吨纸产品综合能耗 1985 年为 $1.76\mathrm{t}$ 标准煤，1990 年为 $1.55\mathrm{t}$ 标准煤，到 2005 年降为 $0.528\mathrm{t}$ 标准煤。表 2 - 2 列出了我国造纸行业 1999～2007 年机制纸与纸板能耗情况一览。

表 2 – 2　我国造纸行业 1999 ~ 2007 年机制纸和纸制品能耗情况

年份	机制纸及纸板产量/万吨	综合能耗总量（标煤）/万吨	占国民经济总能耗/%	单位产品综合能耗（标煤）/t	煤炭消费量/万吨	占国民经济总煤耗量/%	单位产品煤耗量/t	电力消费量/kW·h	占国民经济总电耗量/%	单位产品电力消费量/kW·h
1999	2159.30	1741.12	1.34	0.806	1628.48	1.29	0.754	192.8×10^8	1.57	892.88
2000	2486.94	1826.84	1.40	0.735	1715.94	1.38	0.690	228.22×10^8	1.69	917.67
2001	3777.07	1937.27	1.44	0.513	1691.22	1.34	0.448	251.35×10^8	1.72	665.46
2002	4666.99	2180.54	1.47	0.467	1747.30	1.28	0.374	284.97×10^8	1.74	610.61
2003	4849.33	2371.45	1.39	0.489	1835.91	1.12	0.379	311.62×10^8	1.64	642.60
2004	5413.27	3081.35	1.52	0.569	2713.93	1.40	0.501	359.33×10^8	1.64	663.79
2005	6205.42	3274.13	1.47	0.528	3027.87	1.40	0.488	406.76×10^8	1.63	655.49
2006	6863.02	3443.68	1.40	0.502	3332.69	1.39	0.486	447.30×10^8	1.56	651.75
2007	7792.43	3342.68	1.26	0.429	3379.23	1.31	0.434	442.35×10^8	1.35	567.67

注：根据国家统计局数据收集整理。

从表 2 – 2 看出，近十年来我国造纸行业单位产品综合能耗不断迅速下降，该数据是代表整个行业的，并不代表从一次性原料制浆到造纸生产的全过程。分析其主要原因为：期间大量进口木浆和废纸的增加；引进了许多制浆造纸生产线，其能耗达到或接近国际先进指标。如扣除这些因素，我国大量的中小造纸企业现有生产过程的综合能耗仍与先进国家有较大差距。许多中小造纸企业设备陈旧、能耗还非常高、能效偏低、制浆废液的伴生能源未加利用，单位产品综合能耗 1.3t 标准煤（约 0.69t 标准煤用于制浆，0.61t 标准煤用于造纸）。

2.1.3　造纸行业技术发展趋势

据中国造纸协会资料，2009 年全国纸及纸板生产企业约有 3700 家，全国纸及纸板生产量 8640 万吨，居世界第一位，消费量 8569 万吨，在世界造纸产业格局中占有重要地位。2000 ~ 2009 年，纸及纸板生产量年均增长 12.27%，消费量年均增长 10.2%，是呈现高速增长态势的工业门类。

造纸行业是技术密集型产业，近 10 年来由于资源、环境、效益压力的推动，造纸科学技术的发展有了许多新的进展，主要体现在以下几方面：

（1）技术装备大型化、自动化、信息化、高效率，以实现更高经济规模效益。

（2）优化和简化工艺系统，过程控制向集成化、智能化方向发展，以减少投资、节能降耗、提高产品质量、降低生产成本。

（3）开发新产品，增加产品加工深度，提高产品附加值，使企业获得更多的利润。

（4）更加致力于循环经济、清洁生产，更有效利用资源，减少环境污染，推进可持续发展。

2.1.3.1 化学制浆技术

在化学浆生产方面，工厂规模扩大、工艺系统简化、能源消耗降低、污染负荷减小，是近几年来化学制浆工业的发展趋势。目前单条木浆生产线的产能已达年产纸浆 100 万吨，单体设备产能 3500t/d，当今国际上最先进的硫酸盐法制浆技术包括：

（1）深度脱木素技术。包括新型蒸煮（涵盖了新型连续蒸煮和间歇式置换蒸煮）和氧脱木素处理，它们共同的特点是进一步优化脱木素反应动力学，协同蒸煮和氧脱木素之间的木素脱除率。总的趋势是蒸煮浆的卡伯值适度，不追求过低，用两段氧脱木素脱除更多的残余木素，从而达到既提高纸浆总得率，又降低未漂浆卡伯值的目的。

（2）中浓技术。包括中浓输送、中浓混合、中浓筛选等，由于中浓技术的应用，浆料的洗涤、筛选、氧脱木素、漂白以及输送、贮存等整个制浆系统都可以在 6% ~12% 的浓度下（筛选为 3% ~4%）运行，使设备体积减小、效率提高、系统紧凑、节能节水。我国近年来研制的中浓浆泵、中浓混合器、中浓漂白等技术装备，取得了一定成果，已在一些中小型生产线使用。

（3）漂白工艺。含元素氯漂白必将成为历史，取而代之的是无元素氯漂白（ECF）和全无氯漂白（TCF）。目前在北美和北欧占统治地位的漂白方式是ECF，而全部以二氧化氯为漂白剂的传统 ECF 漂白也在发生变化，在欧洲使用臭氧、过氧化氢等漂剂的低二氧化氯 ECF 漂白悄然兴起，化学浆的漂白显现出多样性和灵活性。随着漂白技术进步，漂序趋于简化，己烯糖醛酸的选择性水解、高温二氧化氯漂白、过氧化氢强化脱木素漂白（OP 或 EOP）、压力高温过氧化氢漂白（PO）、木聚糖酶辅助漂白以及某些助剂的使用等先进技术，都已在实际生产中应用，大大提高了漂白效率，为漂序的简化创造了条件。

（4）高浓黑液蒸发技术。随着黑液结晶蒸发技术、热处理技术、钙纯化处理技术的应用，木浆黑液蒸发正在从 65% ~75% 的常规浓度向生产 76% ~84% 浓黑液方向发展，许多木浆厂蒸发站都已采用结晶蒸发技术，出液浓度超过 80%，为碱回收炉消除大气污染、增加能源生产创造条件。浓度为 85% ~92% 超高浓黑液蒸发技术也正在研发中。

（5）低臭、高效碱回收炉。碱回收炉正向大型化、超高压、高温方向发展。新建大型碱回收炉的蒸汽参数已普遍采用 8.4MPa、480℃，燃烧黑液固形物浓度也从 70% 提高到 80%。

（6）高效白泥脱水设备。采用预挂白泥作过滤介质，这是苛化过滤技术的一次飞跃，不但提高了白液澄清度（小于20mg/L）、降低了白泥残碱（小于0.2%），而且木材制浆碱回收白泥干度能达到80%以上，使回收石灰热耗降至5500MJ/t。

（7）非工艺元素的去除。随着浆厂运行封闭程度的加大，以及速生木材制浆的发展，非工艺元素积累给生产带来的危害越来越受到重视。在碱回收系统，强化绿液预处理，从碱炉飞灰分离Cl、K元素，采取从石灰回收电除尘飞灰去除非工艺元素等技术和措施。

（8）我国是全球最大的非木浆生产国，但近年来，尽管在我国的纸浆消费结构中，非木浆比例继续呈明显下降趋势，但包括碱回收在内的草类制浆技术有了很大进展，板式降膜蒸发器、碱回收炉和苛化装置等，生产已达到较好水平。草浆黑液碱回收技术是我国专有技术，多年实践证明这一技术是解决草浆蒸煮黑液对水体污染最有效的方法。

2.1.3.2　机械浆制浆技术

漂白化学热磨机械浆（BCTMP）和碱性过氧化氢机械浆（APMP）仍是两种主要的机械浆制浆方法。目前国际上生产漂白化机浆仍以BCTMP为主，在我国两种技术都有采用。

机械浆的核心技术是高效大型盘磨，我国大型的机械浆的技术装备主要从国外引进，十几年来，引进年产5万吨到25万吨各种规模的生产线已超过30套，产能超过300万吨。国际上最先进、单线产能最大的化机浆技术装备我国几乎都有，包括全球第1套年产10万吨杨木P-RC APMP生产线和单线产能最大的年产25万吨阔叶木BCTMP生产线。

2.1.3.3　废纸制浆技术

废纸已成为我国造纸行业主要的纤维原料来源。随着废纸回收率的不断增长，近年来废纸制浆技术的发展已经达到了一个很高的水平，国内一些企业引进的高档新闻纸和漂白脱墨废纸浆生产线，代表了当今国际最先进的废纸处理技术。这些技术包括：

（1）转筒式碎浆系统。包括供料（废纸、化学品、水）逻辑控制系统，在低剪切力和高浓（15%~18%）下离解纸张而不碎解胶黏物、塑料和其他杂质，同时又使油墨、复合物、热熔物从纤维中松弛，粗大杂质从圆筒尾部的筛选区排出。

（2）高效的筛选和净化。包括中浓筛选、低浓筛选、轻重杂质除渣器。

（3）处理热熔物之类难于分离的杂质的热分散技术。

（4）高效、低能耗的浮选装备及相应的脱墨剂。

（5）氧化还原漂白。

（6）高效完善的水处理系统，使整个漂白脱墨浆生产线的清水用量降到

$5m^3/t$ 浆以下。

先进废纸处理技术的采用，大大提高了废纸浆的质量，用其取代机械浆和本色硫酸盐浆抄造高档的新闻纸、印刷纸、包装纸和纸板等高附加值产品已成为一种发展趋势。

国内现已能制造 $200t/d$ 废纸脱墨和 $300t/d$ 废纸处理成套装置，但大型、高效的废纸脱墨和处理系统的主要设备仍需进口。

2.1.3.4 纸机生产技术

现代造纸机的技术进展主要体现在以下几方面：

（1）宽幅、高车速、高效率。新闻纸机、超级压光纸机幅宽已达到 $11.3m$，车速 $2000m/min$，纸页从成形到干燥全封闭运行，自动引纸，自动换卷。

（2）机外设备移到机内。包括机外涂布、机外超压移至机内，后者可使纸机变得更加紧凑，操作更加方便灵活，有效运转率和成品率提高，投资费用减少。

（3）节能、节水。生产每吨新闻纸的汽耗降至 $1.1 \sim 1.4t$，水耗 $10 \sim 12m^3$。

（4）产品质量提高。

以文化纸机为例，主要的新技术及其发展趋势简述如下：

1）高效紧凑的浆料流送系统。与传统的相比，系统容积减小，流程缩短，混合、除气效果更好，浆料的配比、浓度控制更准确，变换生产品种更方便、快捷。

2）水力式流浆箱。带稀释水横幅定量控制。

3）纸页成形。采用真空成形辊和加压脱水板相结合的新一代立式夹网成形器，先低压脱水成形，接着是高剪切力的强脉冲脱水，既优化了纸页成形，又保持了必要的留着率。

4）靴形压榨。靴形压榨技术的开发是高速纸机成功的关键，由单靴压组成的三压区复合压榨，使纸机车速突破 $1500m/min$；由单靴压或双靴压组合的串联直通式双压区压榨、封闭引纸，使纸机车速突破 $1800m/min$，并向更高车速方向发展。靴形压榨还具有改善纸页的松厚度、两面性和横幅水分分布等优点。

5）纸页的干燥技术。传统的双排缸干燥已不适应高速纸机的运行，单排缸技术应运而生，实现了无绳引纸，特别是从压榨部到干燥部的引纸。

6）涂布和压光。涂布正在向高速度、高质量方向发展。涂布、压光与纸机合并，实现了涂布纸的在线生产；聚合物包覆的软辊超级压光机研制成功，突破了传统超级压光机车速的限制，使高速纸机在线超压成为可能，机内压光轻涂纸质量由此迈上了一个新台阶。进一步发展的是施胶压榨预涂、刮刀终涂、超级压光、全过程在线生产的定量涂布纸。

新开发的帘式涂布、喷雾式涂布等非接触式涂布已经用于生产，静电或热机

械处理的干式涂布也开始进入试验阶段，

随着涂布技术的发展，传统的涂布颜料已不能满足要求，工程颜料、纳米颜料已开始使用，可以提高纸的平滑度、光学性能和油墨吸收性。

7）未来的纸机。纸机的技术仍在不断向前发展，以新闻纸机为例，现在的网宽已超过11m。纸机的发展将是更快而不是更宽，再过10年，车速会提高到3000m/min，试验纸机已突破此车速范围。

近10年来，我国先后安装了几十台具有国际先进水平的纸机和纸板机，目前全世界每3台新纸机中就有2台为中国订购，世界上所有最先进的造纸技术装备在我国几乎都能看到，现在具有与发达国家同等装备水平的纸机和纸板机产量已占到总产量的1/3，产品质量和消耗指标已达到了国际先进水平，我国在造纸新技术应用方面已走到世界前列。

2.1.3.5   白水回收和废水处理技术

（1）白水回收。

近几年来，国内造纸白水回收技术有了很大发展，大型纸机和纸板机多数采用进口的多圆盘过滤机。

（2）废水生物处理技术

1）活性污泥曝气的二级生化处理。多用于化学制浆中段废水和废纸浆排水处理，在曝气池前设有小容积生物选择器，使回流污泥与进水在选择器中混合，选择菌胶团繁殖，抑制丝状菌繁殖，以改善污泥性能，提高出水水质。

2）厌氧生物处理技术。用于机械浆、超高得率半化学浆、废纸处理特别是废瓦楞箱处理系统排水预处理，IC反应器工艺是这一技术的最新进展之一。

3）生物制浆。生物技术在制浆造纸行业的应用前景是光明的，现在主要的浆纸公司已探讨酶制浆过程，期望提供一种更清洁、更廉价的制浆工艺。2004年7月美国生物技术工业组织（BIO）发表的一个报告指出：工业生物技术正在推动一场新的工业革命，将会带来具有低成本、好产品的更加清洁的未来。

2.2   造纸行业典型工艺流程

制浆造纸工艺流程主要由制浆和造纸两部分组成，如图2-1所示。

2.2.1   典型制浆工艺流程

制浆工艺总的分为化学法和高得率法两大类。化学制浆法包括了各种碱法（最重要的是硫酸盐法和烧碱法）和亚硫酸盐法。高得率浆法包括了各种机械法（如热磨机械浆CTMP）、化学机械法（如化学热磨机械浆CTMP及BCTMP，碱性过氧化氢机械浆APMP及PRC-APMP）和半化学法（如中性亚硫酸盐半化学浆

NSSC)。而化学机械浆因为兼具化学浆和纯机械浆的特点,又符合充分利用原料的趋势和要求而成为机械制浆的主导方式。

2.2.1.1 化学浆基本工艺流程

木材或非木材原料经备料处理后,进入蒸煮装置,同时加入化学药剂,通入蒸汽进行蒸煮,脱除原料中的木质素等成分,得到纤维,再通过筛选、洗涤,去除杂质和残存于纤维间的化学药剂,这时就可以得到未漂白的纸浆,再经漂白后即可得到漂白纸浆,如图2-1(制浆过程)所示。

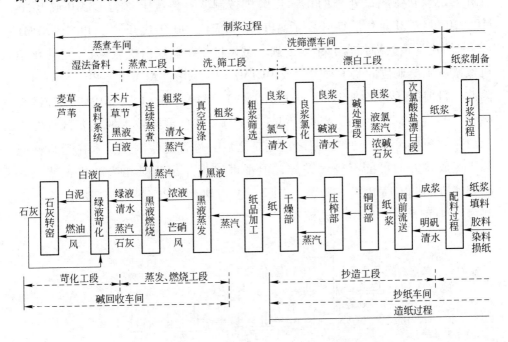

图2-1 制浆造纸过程典型工艺流程

2.2.1.2 化学机械浆基本工艺流程

化学机械浆的基本工艺流程如图2-2所示。

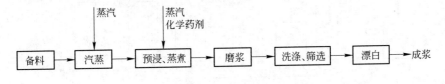

图2-2 化学机械浆基本工艺流程

其制浆过程与化学浆有较大区别。木材或非木材原料经备料处理后,进行蒸汽汽蒸，然后加入化学药剂进行预浸，通入蒸汽进行汽蒸，脱除原料中的部分木质素等成分，使原料变软。最后采用机械磨浆，再通过筛选、洗涤，去除杂质和残存于纤维间的化学药剂，这时就可以得到未漂白的纸浆，再经漂白后即可得到漂白纸浆。

化学机械浆加入的化学药剂要比化学法少，得率要远高于化学浆。化学机械浆技术自20世纪70年代第一条生产线投产以来发展迅速。最初，化学机械浆始于亚硫酸盐处理的化学热磨机械制浆，传统上称为 CTMP 或 BCT-MP。20世纪80年代后期开发了 APP 和 APMP，90年代开发了 PRC - APMP（温和的化学预处理加盘磨化学处理、碱性过氧化氢漂白机械浆）。目前化学机械浆占主导地位的是 CTMP（或 BCTMP），其次是 APMP 或 PRC - APMP。因此，目前国际上又将 CTMP（或 BCTMP）、APMP 和 PRC - APMP 三种浆统称为"高得率浆"（High Yield Pulp, HYP）。这些制浆技术的主要区别在于漂白化学药品添加点是在磨浆之前还是之后。尽管这些制浆技术在运行性能和生产成本方面可能有较大差异，但都可以生产出质量相当的机械浆。图2 - 3为典型 BCTMP 工艺流程，图2 - 4为典型 APP/APMP 工艺流程，图2 - 5为典型 PRC-APMP 工艺流程。

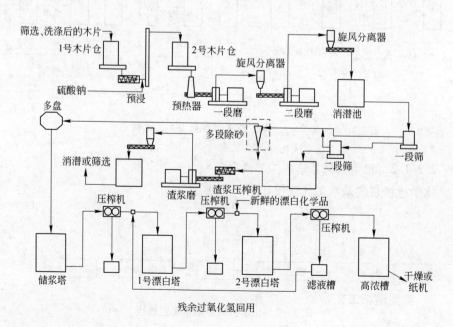

图2 - 3 典型 BCTMP 工艺流程

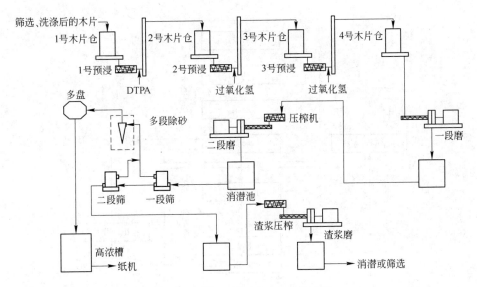

图 2-4 典型 APP/APMP 工艺流程

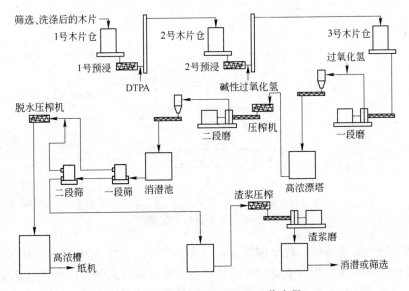

图 2-5 典型 PRC-APMP 工艺流程

2.2.2 典型造纸工艺流程

一般较通用的造纸工艺流程如图 2-6 所示,以下就各主要工序分别介绍。

(1) 浆料准备。浆料准备是制浆厂与纸机之间的分界,对于浆纸联合工厂,

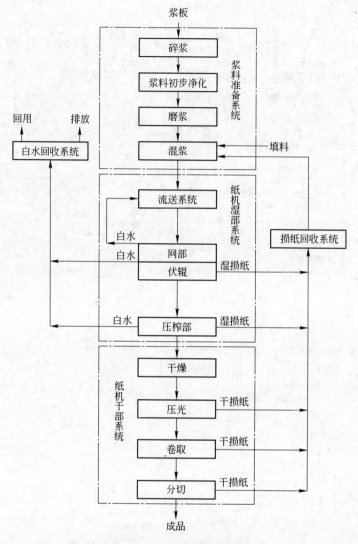

图 2-6   典型造纸工艺流程

浆料准备始于浓浆稀释,终于混浆。对于单独抄纸工厂,浆料准备从碎浆开始,直至浆料流送系统,浆料准备的目的是制备能够达到抄造条件的纸浆和助剂。因此需要预先处理各配料组分,然后将所有组分连续均一地混合。浆料准备通常分为碎浆、磨浆、浆料净化、混浆。

(2)纸机湿部。纸机湿部由以下几个系统组成:

1)上浆系统,专指冲浆泵循环回路。纸浆在此系统内进行计量、稀释,混入助剂,并在网前对浆料筛选、净化、脱气,进入流浆箱,其范围指从纸机储浆槽至流浆箱。

2）流浆箱，作用是接受冲浆泵送来的浆料，将管道浆流转换成与纸机匀称的宽度，并在纸机纵向形成均一流速的矩形浆流。

3）网部，是纸页成形部位。根据纸张不同，成形网可分为单网、双网、三网，其中单网是常用的成形部。根据其形状不同又可分为长网和圆网等。

4）压榨部，主要目的是从纸页脱水并使纸幅固结，其他目的包括提供表面平滑度、降低松厚度和使湿纸页有更高强度。

（3）纸机干部。纸机干部包括干燥、压光、卷取等工序。其中干燥是通过热蒸发脱去残余水分，湿纸幅经过一系列旋转的蒸汽烘缸，水分被蒸发掉并通过排风被带走；压光是纸张在辊与辊之间通过时受压力和摩擦力作用而产生光泽，压光的作用主要是改善纸页的平滑度、光泽度、厚度和纸幅的均匀性；卷取是指将成品集卷成规定的纸卷。通常在压光过程中还可以同时进行涂布，纸张需要的表面施胶或涂布也可以集成到纸机干部。

（4）白水回收系统。白水回收系统主要是指为回收稀白水而建立的系统。网部产生的浓白水通常直接经短循环至冲浆泵，而网部洗网白水、压榨部脱出和洗毯白水以及少量浓白水仓溢流水等一般进入白水回收装置，经过处理后将清滤液、超清滤液用于不同工序。

（5）损纸系统。损纸系统通常包括湿损纸系统和干损纸系统。湿损纸主要来源于纸机伏辊和压榨部，干损纸主要来源于压光、卷取、分切。这两部分损纸经过损纸处理系统后，可再次进入混浆池。

（6）化学品制备。大型纸厂通常还有化学品制备系统，制备的化学品包括淀粉、碳酸钙、施胶剂以及涂料等。

2.3　造纸行业清洁生产进展及效果

2.3.1　我国造纸行业清洁生产工作历程

2.3.1.1　概况

1989年联合国环境规划署提出推进清洁生产的行动计划，清洁生产的理念和方法开始引入我国，1997年我国推荐6家造纸厂作为第一批清洁生产审核示范试点，从此启动了我国造纸行业的清洁生产行动。与此相配合的高校、研究院所等行业专家和环保专家组成的中国专家组开展的一系列活动，制浆造纸行业实施清洁生产有了规范的开始。随后为配合淮河流域治理，我国第二批造纸企业清洁生产审计示范在淮河流域的河南、安徽的9个试点企业开展，最后总结所取得的环境效益与经济效益，并对如何进一步预防与控制我国非木浆制浆造纸行业的污染存在的问题进行了深入讨论。此后，在联合国的资助下，选择海河流域4省12家制浆造纸企业作为第三批造纸企业清洁生产审核试点，开展清洁生产培训及审核活动。

通过国家环保和行业管理部门协同组织的多次、多层次的造纸行业清洁生产技术、审核方法的培训和交流会，使清洁生产概念和定义很快被广大造纸企业所接受。通过清洁生产审核和实施具体方案，企业普遍获得明显效益，污染物排放平均削减了 20%，每个经过审核的企业获得的经济效益超过 100 万元/年。三批造纸行业清洁生产审核试点，在造纸行业做好了清洁生产宣传、理论实践、人员培训、组织实施等一系列准备工作，为全面开展造纸行业清洁生产提供了经验，起到很好的示范作用。

2.3.1.2　我国制浆造纸行业清洁生产进展

围绕排污总量控制、改善环境质量、遏制生态破坏、实现经济发展与环境保护"双赢"目标，进一步推动经济结构战略性调整，采用高新实用技术，全面推行清洁生产，我国在制浆造纸工业方面重点开展的清洁生产工作包括如下一些方面。

（1）国家环保局 1997 年 4 月发布《国家环保局关于推行清洁生产的若干意见的通知》，此后，各级政府先后制定相关工作计划，都把轻工和制浆造纸工业作为重点实施行业。

（2）为进一步推动全国清洁生产工作的开展，国家经贸委办公厅 1999 年 5 月下发了《关于实施清洁生产示范试点计划的通知》，2000 年 8 月，对清洁生产示范试点计划进行总结，在全国推广示范试点的成功经验。

（3）2000 年国家经贸委发布《关于〈国家重点行业清洁生产技术导向目录〉（第一批）的通知》，其中涉及造纸行业 4 项要求。

（4）为贯彻落实党的十五届五中全会精神和"十五"计划纲要，配合南水北调工程，国家经贸委组织制定《工业节水"十五"规划》，明确了制浆造纸工业的节水目标。

（5）国家环保总局 2001 年 9 月印发了《关于开展清洁生产审计机构试点工作的通知》，在全国范围内启动了清洁生产审计机构的试点工作。中国轻工业清洁生产中心、北京工商大学清洁生产技术中心等作为第一批试点机构，在 2002 年 1 月国家环保总局发布的《关于公布清洁生产审计试点单位并开展试点工作的通知》文件中被确认主要专业范围为造纸及纸制品业，试点工作还包括负责造纸行业清洁生产审计指南和行业清洁生产技术要求的编制。

（6）编制并发布制浆造纸工业清洁生产技术要求（或标准）。2002 年底已完成《清洁生产技术要求　造纸制浆行业》（报批稿）和《清洁生产技术要求　制浆造纸工业漂白硫酸盐蔗渣浆清洁生产工艺》（征求意见稿）。清洁生产技术要求（标准）对企业提出更高的环境要求，使企业不断自我挑战。修订和完善《制浆造纸行业清洁生产审核指南》及《企业清洁生产审核手册》，并规范清洁生产审核机构和程序。

（7）2002 年 6 月 29 日第九届全国人民代表大会常务委员会第二十八次会议通过了《中华人民共和国清洁生产促进法》，并于 2003 年 1 月 1 日起施行。法律的制定和颁布，为我国今后清洁生产工作的开展指明了方向，提出了要求。

（8）建立清洁生产公告制度。对通过规范的清洁生产审核，达到行业清洁生产要求（标准）的企业或组织，将由国家环保总局向全国公告其为清洁生产组织，同时公告其资源消耗和排污信息。在行业内部树立典范，提高声誉，扩大影响，调动企业开展清洁生产的积极性。

（9）为了贯彻落实《中华人民共和国清洁生产促进法》，指导和推动制浆造纸企业依法实施清洁生产，提高资源利用率，减少和避免污染物的产生、保护和改善环境，2006 年 9 月国家发展和改革委员会组织制定《制浆造纸行业清洁生产评价指标体系》（试行）。

（10）2007 年 11 月，国家发展和改革委员会发布的《造纸产业发展政策》，中国制浆造纸工业协会制定的我国制浆造纸工业"十一五"发展目标及主要任务，再一次明确了制浆造纸工业必须实施清洁生产走循环经济的发展道路。

（11）2008 年 8 月，国家环保局发布《制浆造纸工业水污染物排放标准》（GB 3544—2008），从 2009 年 5 月 1 日开始执行，控制排放标准更加严格，企业必须进一步提高清洁生产水平才能实现达标排放。

（12）2009 年 2 月，国务院发布《轻工业调整和振兴规划》，作为 2009～2011 年轻工业调整和振兴的纲领性文件，其中对造纸行业的淘汰落后产能，产业优化，降低污染物排放，提高企业技术水平，推动企业节能减排等方面进行了具体的规划。

在"十一五"期间，我国造纸工业的清洁生产与节能减排工作也取得了积极的进展和相当多的成果。主要表现在：

（1）调整原料结构，增加木浆和废纸用量。木浆和进口废纸的质量好于非木纤维，适用于生产高质量、高档次的纸和纸板。"十一五"期间，中高档纸制品的比重由"九五"时期的 45% 提高到 60%。2009 年木浆和废纸用量已占纤维原料总用量的 85%（其中废纸浆用量占 62%），非木纤维用量已降到 15%。污染严重的小草浆造纸厂有计划、有步骤淘汰和关停，2009 年制浆造纸企业已减少到 3700 多家。

（2）积极引进国外先进技术装备。近年来，国内大型制浆造纸企业从国外引进大量的先进技术装备，包括低固形物连蒸、RDH（快速置换蒸煮）低能耗蒸煮、APMP（碱性过氧化氢机械浆）、CTMP（化学热磨机械浆）高得率木片磨浆系统、多段逆流洗涤、全封闭热筛选、氧脱木素、高浓漂白、无元素氯漂白、多圆盘过滤机、超效浅层气浮净水器等先进设备，新型节能高速纸机以及高效碱回收系统和污水治理技术装备，这些国际先进生产线及装备以及生产工艺的引进大大推进了造纸行业的清洁生产。

（3）大力推行循环经济，提高清洁生产水平。国内很多大规模的纸业公司以速生林、芦苇基地和制浆造纸相结合，建设生态工业园区，使经济发展和生态保护得到了有效协调，整个系统实行水资源封闭循环利用，同时在工厂附近建设调节水库，集中尾水用于林地、苇田灌溉，达到了水资源充分利用。

如采用具有自主知识产权的草浆置换蒸煮新工艺，吨浆耗水 $60m^3$ 以下，纸机白水完全回用于生产。在污染治理方面，中段水经物化、生化、脱色处理后 COD_{Cr} 稳定在 150mg/L 以下，处理后的废水 60% 回用生产。生产过程中产生的草屑木屑等固废送至自备电厂混烧，工艺废气由余热回收装置进行回收，生物质污泥送肥料厂生产有机肥，"三废"得到综合治理和资源化利用，形成了高效的循环经济系统。

我国南方的蔗渣造纸循环经济模式使得甘蔗渣综合利用率达到 100%，废糖蜜利用率达到 100%，酒精废液利用率达到 100%，水循环利用率达到 90% 以上。

我国造纸行业是国内最早开展清洁生产活动的行业之一，其发展过程经历了中国清洁生产由理念到立法的全过程，代表了中国清洁生产发展的先进水平。我国制浆造纸行业清洁生产在发展中国家始终保持在前列，和发达国家基本同步，正逐步实现规范化，应该说取得了较好的成效。但应当看到，许多企业对清洁生产节能工作认识不足，只看重产量和质量及原材料的消耗，忽略运行管理及技术改造中的节能，特别在造纸企业回收利用余能差距较大；也有许多新建项目将节能评估作为形式来应付。所以，造纸行业清洁生产、节能减排潜力很大。

2.3.2　造纸行业清洁生产效果

从 90 年代开始，随着国家不断整治造纸行业污染问题和关闭大量万吨以下的小厂，我国的造纸企业开始大规模引进世界先进技术和环保设施，并逐步按国际标准化组织的 ISO14000 环境管理体系进行标准化管理，造纸业的整体环保改变，从我国造纸业的万元产值 COD 排放强度逐年下降也可以看出，见图 2-7。

目前我国造纸业的清洁生产技术取得了前所未有的进步。造纸化学品的发展、大型高速纸机的引进和开发，木浆和废纸利用率的提升，都大大降低了造纸用水量和污染物排放。同时，随着科技进步和技术创新，造纸废水治理技术已相当成熟，水污染治理水平得到大幅度的提高。据统计，我国造纸产量从 2001 年的 3200 万吨增加到 2008 年的 8000 万吨，产量增加了 1.5 倍，而 COD 排放量从 203 万吨下降到 128.8 万吨左右，下降了 36.6%，万元产值 COD 排放量也从 0.168 吨/万元下降到 0.025 吨/万元，下降了 85%。来自国家环保部污染控制司的资料也显示：目前我国前 100 家大型造纸企业的产量占造纸总产量的 55.74%，而 COD 排放量却仅占总量的 10%。

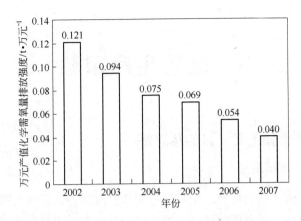

图 2-7 2002~2007 年造纸行业万元产值化学需氧量排放强度

通过国家的政策引导以及企业自身发展的需要，国内各大造纸企业都进行了技术改造及清洁生产审核的工作，据不完全统计，国内已有 530 余家造纸企业开展了清洁生产审核的工作，并取得了显著的效果。

国内某纸浆企业开展了清洁生产审核，共筛选出可行的清洁生产方案 81 项，其中，无/低费方案 71 项，中/高费方案 10 项。

"无/低费方案共投资 870.638 万元。通过实施这些方案，降低了木材损耗，提高了设备运行效率，节约了水、电、煤等资源和能源，制浆'三废'（废水、废气、废渣）的排放达到并优于国家环评标准。"这些方案使该企业每年获得约 870 万元的经济效益。

而 10 项中/高费方案总投资为 6.1 亿元，年经济效益达到 4.5 亿元。2008 年全年减少原水消耗 290 万吨，比 2007 年降低 8.2%；减少标准煤消耗 0.84 万吨，比 2007 年降低 3.2%；相应减排 SO_2 约 71 吨，减排 CO_2 约 2.32 万吨，减排 NO_x 约 63 吨，削减 COD 排放 700 吨。

此外，国内先进的造纸企业还获得清洁生产的相关荣誉，这也是对造纸行业清洁生产开展的鼓励和表彰，其中宁波中华纸业是中国第一家通过 ISO14001 国际环境管理体系认证的造纸工厂；金东纸业是第一批获得环保部"国家环境友好企业"称号的企业之一，2007 年 1 月还被评为国家旅游局指定的"国家工业旅游示范点"，2010 年海南金海浆纸业有限公司获得"国家环境友好企业"称号，通过当地清洁生产审核验收。此外，金东纸业（江苏）股份有限公司还参与完成了"碳先锋试点项目"，成为首家遵循国际领先的 PAS 2050 标准完成产品碳足迹测算的中国企业。

此外，包装纸制造企业玖龙纸业 2007~2010 年四度获得"绿色企业管理奖"，并获中华环保联合会授予的"中华环境友好企业"的称号。

3 清洁生产审核

3.1 清洁生产审核定义、目的及思路

3.1.1 清洁生产审核定义

清洁生产审核"是指按照一定程序,对生产和服务过程进行调查和诊断,找出能耗高、物耗高、污染重的原因,提出减少有毒有害物料的使用、产生,降低能耗、物耗以及废弃物产生的方案,进而选定技术经济及环境可行的清洁生产方案的过程"。

具体说,清洁生产审核是对企业生产经营状况、原辅材料消耗情况,从原材料、能源、产品、工艺技术、设备运行、过程控制、生产管理、人员素质八个方面,进行输入输出分析,建立物料平衡、水量平衡、能量平衡、污染因子平衡,分析能量损失、物料消耗损失、废弃物产生及成因等各个方面,结合国内外先进水平,系统地、全面又突出重点地进行分析,并且找出存在的差距和问题,制订解决存在问题的高层次方案。

3.1.2 清洁生产审核的目的

清洁生产审核作为实施清洁生产战略的最重要的方法和工具,其根本目的是实现企业的清洁生产。通过全面核查评价生产过程中使用的原材料、能源以及废弃物产生等的状况,确定废弃物的来源、数量以及类型,从原材料、工艺技术、生产运行及管理、产品和物质循环利用等多种途径,识别、寻找污染物减量的机会和方法、降低能源消耗的措施,分析、确定废弃物削减的目标,能源消耗的目标,提出削减废弃物产生、降低能源消耗的对策、方案并加以实施;进行清洁生产审核是为了节约资源(能源),降低生产成本,提高企业的利润;减少企业生产活动对环境的污染,保护生态环境;促使经济发展与环境保护协调发展。

3.1.3 清洁生产审核思路

清洁生产审核的总体思路为:判明废弃物的产生部位,分析废弃物的产生原因,提出方案减少或消除废弃物产生;发现能源损失比较大的环节,分析原因,提出节能技术措施;查找物料使用过程损失较大的部位,分析原因,提出节约措施。

图 3-1 表述了清洁生产审核的思路。

从图 3-1 可以看出，清洁生产审核的思路可以从关于废弃物产生、能量损失、物料消耗三个方面（即污染重、能耗高、物耗高），从发生部位、原因分析、方案产生和实施三个环节进行概述：

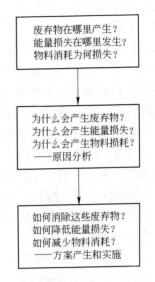

（1）废弃物在哪里产生？能量损失在哪里发生？物料消耗为何损失？通过现场调查、物料平衡、能量平衡，找出废弃物的产生部位，找出能量损失的位置，找出物料损失的位置，并确定产生量。

（2）为什么会产生废弃物？为什么会产生能量损失？为什么会产生物料损耗？具体分析要从产品生产的八个方面进行分析和查找原因。

（3）如何消除或减少废弃物产生？如何降低能量的消耗？如何减少物料的损失。通过三个层次的分析，最终提出清洁生产方案和措施，包括无低

图 3-1　清洁生产
审核思路框图

费方案和中高费方案，方案可以是几个、几十个，可以是管理方面提升、工艺水平提高、设备技术进步方案。通过实施这些清洁生产方案可以达到消除或者减少废弃物产生，降低能源消耗，减少物料损失，从而达到"节能、降耗、减污、增效"的目的。

审核思路中提出要确定发生位置、分析产生原因和提出并实施方案，这几项工作该如何去做呢？为此需要分析生产过程中涉及的各环节，这也是清洁生产与末端治理的重要区别之一。

抛开生产过程千差万别的个性，概括出其共性，得出如图 3-2 所示的生产过程框图。

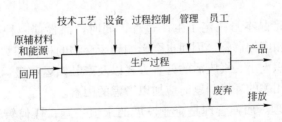

图 3-2　生产过程框图

从图 3-2 可以看出，一个生产和服务过程可抽象成八个方面，即原辅材料

和能源、技术工艺、设备、过程控制、管理、员工六方面的输入，生产出的产品和废弃物的输出。不得不产生的废弃物，要优先采用回收和循环使用措施，剩余部分才向外界环境排放。从上述生产过程的简图可以看出，对废弃物的产生原因分析、能量损失的原因分析、物料损失的原因分析要从八个方面进行。以废弃物的产生原因分析为例分析如下：

（1）原辅材料和能源。原辅材料本身所具有的特性，例如纯度、毒性、难降解性等，在一定程度上决定了产品及其生产过程对环境的危害，因而选择对环境无害的原辅材料是清洁生产所要考虑的重要方面。

同样，作为动力基础的能源，也是每个企业所必需的，有些能源（例如一次能源煤、油、天然气等的燃烧过程本身）在转化和使用过程中直接产生废弃物，而有些则间接产生废弃物（例如二次能源电的使用本身不产生废弃物，但火电、水电和核电的生产过程均会产生一定的废弃物），因而节约能源、使用二次能源和清洁能源将有利于减少污染物的产生。节约能源是我国今后经济社会发展相当长时期的主要任务。据统计，我国造纸产品能耗平均水平比发达国家平均水平高出约20%，节能空间巨大。

除原辅材料和能源本身所具有的特性以外，原辅材料的储存、发放、运输，原辅材料的投入方式和投入量等都决定了废弃物产生的种类和数量。

（2）生产工艺技术。生产过程的技术工艺水平基本上决定了废弃物产生种类和数量，先进技术可以提高原材料的利用效率，从而减少废弃物的产生。结合技术改造预防污染是实现清洁生产的一条重要途径。连续生产能力差、生产稳定性差、工艺条件过严等都可能导致废弃物的产生。

（3）生产设备。设备作为技术工艺的具体体现在生产过程中也具有重要作用，设备的搭配（生产设备之间、生产设备和公用设施之间）、自身的功能、设备的维护保养等均会影响到废弃物的产生。

（4）生产过程控制。过程控制对生产过程十分重要，反应参数是否处于受控状态并达到优化水平（或工艺要求），对产品的得率和废弃物产生数量具有直接的影响。

（5）产品。产品本身决定了生产过程，同时产品性能、种类的变化往往要求生产过程作出相应的调整，因而也会影响到废弃物的种类和数量。此外，包装方式和用材、体积大小、报废后的处置方式以及产品储运和搬运过程等，都是在分析和研究产品相关的环境问题时应加以考虑的因素。

（6）生产管理。加强管理是企业发展的永恒主题，任何管理上的松懈和遗漏，如岗位操作过程不够完善、缺乏有效的奖惩制度等，都会影响到废弃物的产生。通过企业的"自我决策、自我控制、自我管理"方式，可把环境管理融于企业全面管理之中。

（7）员工。任何生产过程，无论其自动化程度多高，从广义上讲均需要人的参与，因而员工素养的提高和积极性的激励也是有效控制生产过程废弃物产生的重要因素。缺乏专业技术人员、缺乏熟练的操作工人和优良的管理人员以及员工缺乏积极性和进取精神等都可能导致废弃物的增加。

（8）废弃物。废弃物本身所具有的特性和状态直接关系到它是否可再利用和循环使用，只有当它离开生产过程才称其为废弃物，否则仍为生产过程中的有用物质，对这应尽可能回收，以减少废弃物排放的数量。

废弃物产生的数量往往与能源、资源利用率密切相关。清洁生产审核的一个重要内容就是通过提高能源、资源利用率，减少废弃物产生量，达到环境与经济"双赢"目的。当然，以上对生产过程八个方面的划分并不是绝对的，在许多情况下存在着相互交叉和渗透的情况。例如一套设备可能就决定了技术工艺水平，过程控制不仅与仪器仪表有关，还与员工及管理有很大的关系等，但八个方面仍各有侧重点，原因分析时应归结到主要的原因上。

注意对于每一个污染源都要从以上八个方面进行原因分析并针对原因提出相应的解决方案（方案类型也在这八个方面之内），但这并不是说每个污染源都存在这八个方面的原因，它可能是其中的一个或几个。

3.2　清洁生产审核程序

依照《清洁生产审核暂行办法》，清洁生产审核程序步骤为如下几个阶段：审核准备、预审核、审核、实施方案的产生和筛选、实施方案的确定、清洁生产方案的实施与计划、持续清洁生产计划及编写清洁生产审核报告。

3.2.1　审核准备

审核准备是企业进行清洁生产审核工作的第一阶段，目的是通过宣传发动，使企业领导和员工正确认识清洁生产的理念及清洁生产审核的目的、意义，了解清洁生产审核的内容、要求及工作步骤和程序，积极参与，为清洁生产审核工作的全面展开奠定坚实的群众基础。本阶段的重点是获得领导支持和员工积极参与，组建清洁生产审核领导小组和工作小组，制定详细的清洁生产审核计划，宣传清洁生产理念，消除思想上和观念上的障碍，激发自觉开展清洁生产的动力。

清洁生产审核领导小组组长一般由企业的第一领导者兼任，成员为企业的主要部门的负责人；工作小组组长一般由企业主管生产或者环保的主要领导担任，成员为企业的相关主要部门的负责人。表3-1为某造纸企业清洁生产审核领导小组成员组成情况，表3-2为某造纸企业工作小组成员组成情况。

表3-1　某造纸企业领导小组成员组成情况

姓名	部门及职务	小组中职务	职　责
	总经理	组长	对本厂的清洁生产审核工作负总责,全面负责厂清洁生产审核过程中重大问题的决策
	生产主管副总经理	副组长	负责解决清洁生产审核过程中出现的主要问题,负责协调各阶段的清洁生产工作和清洁生产过程中出现的问题,责成相关部门负责实施
	环保安全部经理	组员	负责领导、组织和协调企业在推行清洁生产中本部门的具体工作
	生产部经理	组员	
	制造部经理	组员	
	动力部经理	组员	
	供应部经理	组员	
	品管部经理	组员	
	财务部经理	组员	

表3-2　某造纸企业工作小组成员组成情况

姓名	部　门	小组中职务	职　责
	生产主管副总经理	组长	按照本厂的整体部署对清洁生产审核工作负总责,按计划推进清洁生产审核工作,解决审核过程中出现的原则性问题,并保证提供必要的人力、物力、财力支持
	环保安全部经理	副组长	主持协调全厂清洁生产审核的具体工作,协调开展全厂的现状调查以及审核重点的平衡和分析,组织审定清洁生产审核中提出的节能、降耗、减污方案,并组织实施。负责把清洁生产审核中提出的管理方案纳入企业管理制度
	生产部经理	副组长	负责制定本部门清洁生产工作计划及清洁生产进程的检查,及时向清洁生产领导小组汇报;负责组织制定清洁生产有关规章制度,协调解决清洁生产审核推进中的具体问题
	制造部经理	副组长	
	工程动力部经理	副组长	
	品管部经理	成员	负责本部门的现状调查和分析,协助开展平衡及分析
	人力资源部经理	成员	负责清洁生产培训和教育工作的落实,负责清洁生产管理人员的配备
	安全部经理	成员	协助开展清洁生产审核工作的对外沟通,负责危险化学品、消防设备、厂区油品的管理与数据提供,负责日常安保工作
	仓储科经理	成员	负责本部门的现状调查和分析,协助开展平衡及分析
	供应科经理	成员	负责本部门的现状调查和分析,协助开展平衡及分析
	设备科经理	成员	保证生产设备以及环保设施的完好运行,负责审核中、高费清洁生产方案设备方面的选型,协助审定清洁生产审核中提出的节水、节能及清洁能源方案,并组织实施
	财务部经理	成员	负责审核清洁生产方案在经济上的可行性,落实资金

审核准备这个阶段的要点一是开展广泛、简明、与行业相结合的有关清洁生产的目的、意义、做法的清洁生产培训，其中要着重介绍国外造纸企业清洁生产情况以及国内造纸企业的成功经验，以争取广大职工的参与，特别是企业高层领导的支持与参与。这个阶段第二个要点是要成立清洁生产领导小组和清洁生产审核工作小组，特别是工作小组的成员必须包括生产、技术、环保、财务人员和审核人员，如有必要还要聘请外部专家。第三个要点是制定切实可行的审核工作计划，一个好的计划应包括审核过程的所有主要工作，还要包括这些工作的具体内容、进度、负责人和参与人名单等。

3.2.2 预审核

预审核是清洁生产审核的第二阶段，目的是对企业全貌进行调查分析，分析和发现清洁生产的潜力和机会，从而确定本轮审核的范围和重点。本阶段工作重点是评价企业的产品能耗、物料消耗、产污排污状况，确定审核范围和审核重点，并针对审核范围和审核重点设置清洁生产目标。

预审核，是从生产全过程出发，对企业现状进行调研和考察，摸清污染现状和产污重点，能源消耗重点以及能量损失重点，并通过定性比较或定量分析，确定出审核重点。

3.2.2.1 现状调研

现状调研主要是收集可以获得的有关企业的基础资料。企业概况包括两个方面，一是企业发展简史、规模、产值、利税、组织结构、人员状况和发展规划等。一是企业所在地的地理、地质、水文、气象、地形和生态环境等基本情况，企业生产车间构成及平面布置图。

收集企业生产现状内容主要包括：

（1）企业的主要生产经营情况，产品种类及其产量、销售情况、产值等，要有近三年的数据。关注企业生产规模是否符合国家有关政策法规的要求，关注是否使用国家已经明令淘汰的落后生产工艺和设备。

（2）企业主要原辅材料消耗报表，对于不同类型的企业所要收集的内容不同，具体内容见表3-3。

（3）资源能源消耗情况。主要是收集生产所用新鲜水量、蒸汽消耗、电耗、燃料消耗等，要有最近三年的消耗总量及每月的消耗量，以及各个车间的消耗量，此阶段要做月耗分析及各车间资源能源消耗分析。还要算出各种产品的资源能源单耗。通过E-P图等手段分析企业资源能源使用上存在的问题。

（4）生产工艺流程、辅助及公用工程。要有完整的工艺流程图，以框图表示主要工艺流程，要求标出主要原辅料、水、能源及废弃物的流入、流出和去向。生产过程主要包括原料收集及贮存、备料、蒸煮、磨浆系统（一般是针对机

表3-3 不同造纸企业主要原辅材料收集资料

企业类型	收集资料内容	备 注
木、竹浆	收集木材或木片、竹子或竹片的数量、含水量，蒸煮液补充硫化钠的量，漂白剂用量，漂白所需烧碱量等	收集近三年的数据，并计算单位产品原料的消耗量
草浆或蔗渣浆等	收集麦草、蔗渣的数量、含水量，蒸煮液补充烧碱量，漂白剂用量，漂白所需烧碱量等	
废纸浆	收集所用废纸的类型、数量、含水量，脱墨剂的用量，漂白剂的用量等	
造纸	造纸所需非纤维性的助剂、涂料等的量	
废水处理厂	絮凝剂等化学药品的量	

械浆)、洗涤、筛选、漂白、打浆系统、纸机及辅助系统、机外涂布、超级压光、白水系统等；公用及辅助过程包括化学品制备、碱回收系统、动力锅炉及蒸汽供给、水处理系统、废水处理系统等。还要关注有没有国家要求淘汰的工艺技术和设备。

(5) 完整的设备清单，要关注企业所使用的设备是否符合国家政策的要求。对于企业的生产状况，首先是弄清生产企业各工艺使用的具体技术和设备，并判断这些技术和设备哪些属于清洁生产技术和设备，哪些不属于，从而可以就工艺技术和设备提出一些清洁生产方案；其次分析企业资源能源消耗水平；由于制浆造纸工业属于耗水大户，所以在这个阶段要特别注意生产过程中水的使用及排放情况。

(6) 企业的环境保护状况

1) 主要污染源及其排放情况，包括状态、数量、毒性等。

2) 主要污染源的治理现状，包括处理方法、效果、问题及单位废弃物的年处理费等。

3) 三废的循环/综合利用情况，包括方法、效果、效益以及存在问题。

4) 企业涉及的有关环保法规与要求，如环评，三同时，排污许可证，区域总量控制，行业排放标准等。

(7) 制浆造纸企业生产过程及产排污情况

收集企业生产工序内容主要包括：

1) 备料工序。

木材原料：剥皮、削片、筛选等；较先进的工艺是干法剥皮。

非木原料：切草，干、湿法备料。

废纸原料：碎浆、除杂。

污染物：噪声、固废、粉尘、废水(COD、BOD、SS)。

如采用湿法剥皮或湿法备料，要注意其洗涤水来源和是否有循环利用系统。

2）蒸煮工序。蒸煮按操作过程可分为间歇式蒸煮和连续式蒸煮两类。

目前国内建设的年产大于20万吨的大型浆厂蒸煮设备以进口连续蒸煮设备为主，技术属于国际先进水平；年产10～20万吨浆厂以国产间歇式立锅蒸煮为主，国产横管连续蒸煮用于木浆生产也取得了初步的运行经验。5万吨以下的浆厂以蒸球为主，还有一些企业由于其木浆要与草浆混合洗涤，所以产量不大，一般也采用蒸球。

该段工序包括：加料、蒸煮、除节、热置换洗涤；

污染物：噪声、恶臭（TRS）、黑液（COD、BOD、SS、pH、无机盐等）。

3）洗涤、筛选浆工序。该段工序包括：逆流洗涤、筛选浆。

污染物：洗涤水（稀黑液）、臭气、纤维渣。

对于先进的大型制浆企业，由于采用全封闭洗涤筛选系统，此处没有废水排出，其提取液全部进入碱回收的黑液系统。黑液提取率是评价洗涤筛选工序先进与否的重要指标。此处重点是洗涤和筛选所用设备及臭气的收集方式。

4）化学浆漂白工序。该段工序包括：氧脱木素、多段逆流漂白。

常用漂白剂：液氯、次氯酸钙、二氧化氯（ClO_2）、过氧化氢（H_2O_2）、臭氧（O_3）等。

污染物：漂白废水（BOD、COD、SS、pH、AOX等）送污水处理站。

不同的浆料采用不同的漂白方法，化学木浆多采用多段ECF或二氧化氯部分替代多段漂；草浆大多采用CEH漂或次氯酸盐单段漂；机械浆的漂白一般使用不含氯的漂白剂，即TCF漂白，大多采用H_2O_2漂白，漂白流程和废水处理相对简单；大型废纸生产企业废纸浆漂白为TCF漂白，但小废纸造纸企业有些使用氯漂。

漂白工段除了产生废水、废气、油污和噪声之外，如果采用含氯漂白或者ECF漂白，都有AOX产生，属于致癌物质，需要严格监测。采用TCF漂白则不会有AOX产生，污染物会大量减少，生物漂白的发展趋势也比较好。

5）抄浆工序

该段工序包括：打浆、磨浆、筛渣等；

污染物：少量浆渣、白水（回收纤维后白水回用）。

6）造纸工序。该段包括：网部成型、压榨脱水、烘缸干燥、涂布、表面施胶、压光、卷纸、复卷、切选、打包；

污染物：噪声、损纸（回用）、白水（送白水回收系统、回收纤维或涂料后大部分白水回用、剩余白水送污水处理站）、表面施胶或者涂布废水。

造纸工序的重点，一是纸机，幅宽、车速、流浆箱、采用的压榨技术、烘干技术、干燥部有没有热回收装置等；二是纸机白水的使用、处理及排放情况，大型造纸企业均有白水回收系统,实现了白水的分级使用;对于利用废纸造纸的企业,技术水平较高的企业,其废纸制浆段已可不使用清水。

7)碱回收系统

该段包括:蒸发站、燃烧(碱回收炉)、苛化、石灰回收、污冷凝水汽提、除尘系统等;其工艺流程见图3-3。

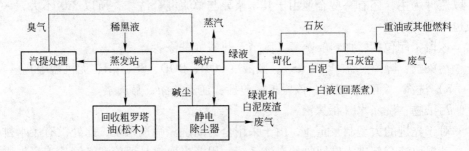

图3-3　硫酸盐木浆碱回收系统工艺流程及产排污节点

产生的污染物有:

废气(烟气、TSP、碱尘、H_2S、SO_2、TRS、NOx、CO、少量无机盐等);

废水(COD、BOD、SS、pH、油类);

固废:绿泥、白泥($CaCO_3$、$CaSiO_3$、有机物、少量碱及含铁无机物等)。

硫酸盐法(碱法)制浆、化机浆一般都设置碱回收车间,但是亚硫酸铵法制浆废水无碱回收车间。碱回收车间可以为热电站提供热能,也可以回收大量的化学品,节约资源。通过碱回收,可降低蒸煮废液的排放量,降低处理难度,有利于环境保护。只是碱回收会有烟气、臭气等排放,需要处理。

在碱回收车间中,有大量的烟气和臭气产生,需要相应的设备去除。绿液槽和苛化消化器之间缺少石灰消化提渣机(该处产生灰渣),石灰窑处会产生大量的烟气、臭气,需要采用除尘器去除达标后才能够排放入大气,在塔罗油回收系统中会产生大量的污冷凝水,需要进入污水处理厂处理后排放。

对于草浆黑液,由于硅含量高,白泥无法去石灰窑煅烧,企业大多填埋,也有用于建材或精制碳酸钙填料的。所以要调查清楚碱回收工序产生的固体废物的处理情况。

碱炉产生的蒸汽,对于木浆黑液,由于进炉浓度高,可产生高压蒸汽送热电厂发电;而草浆碱炉目前只能产生中低压蒸汽,可用于生产。

碱炉除了燃烧黑液外,还有处理硫酸盐浆厂收集的臭气的功能,所以调研时要问清其臭气是送碱炉还是石灰窑,碱炉是否有非正常工况时的臭气处理系统(火炬)。

8)白水回用系统。白水回用系统常用的方法有多圆盘过滤、沉淀法和气浮法。通过白水回收设备，回收纤维和填料回用于配浆系统，而处理后的白水回用于制浆、配浆和造纸过程。多余白水排放到废水处理站。

污染物：未回用剩余白水，白水中含有短废纤维、涂料和填料等物质。

一般造纸厂都有白水回用系统，在大中型纸厂常用多圆盘过滤机，废纸纸厂用气浮法的较多，在中小型纸厂以白水塔沉降装置、斜板沉降装置等为主，若不具白水回用系统，则该企业造纸的用水将较大。

9）废水处理站。制浆造纸企业一般采用二级生化处理和三级深度处理工艺；对于化机浆等高浓废水多采用先厌氧处理，再好氧处理加深度处理，如该企业也有化学制浆生产，也可采用碱回收处理。

污染物：主要是污泥、废纤维等固体废物、噪声、恶臭等。

在《制浆造纸工业水污染物排放标准》（GB 3544—2008）发布执行后，对于有制浆的生产企业其废水如前面使用二级生化处理，必须加三级深度处理其废水才可达标排放，调研时应注意。

3.2.2.2　现场考察

随着生产的发展，一些工艺流程、装置和管线可能已做过多次调整和更新，这些可能无法在图纸、说明书、设备清单及有关手册上反映出来。此外，实际生产操作和工艺参数控制等往往和原始设计及规程不同。因此，需要进行现场考察，以便对现状调研的结果加以核实和修正，并发现生产中的问题。同时，通过现场考察，在全厂范围内发现明显的无/低费清洁生产方案。

现场考察时要杜绝"我对工厂已很了解"和"习以为常"的思维定式，还要关注现场观察到的清洁生产机会，并提出一些无/低费方案。考察时可按照整个生产流程进行。

对于生产过程考察重点见表3-4，此外还要着重考察水耗和（或）能耗大的环节，设备事故多发的环节或部位，实际生产管理状况，如岗位责任制执行情况，工人技术水平及实际操作状况，车间技术人员及工人的清洁生产意识等。

表3-4　生产过程考察重点

产品类型	考察重点
化学浆	原料堆场、原料洗涤、蒸煮、洗浆（黑液提取）、纸浆筛选、浓缩和漂白工段
化机浆	原料堆场、原料洗涤、预浸、磨浆、洗筛、漂白等工段及废水处理设施（包括碱回收）
废纸浆	废纸制浆过程损耗、水耗、能耗较大和废物产生较多的环节。如碎浆、筛选、净化、浮选、热分散、漂白等；考察废水处理设施的运行情况，以及固体废物的产生和处理情况
造纸	打浆、纸机湿部、干部、涂布和纸机白水利用情况

3.2.2.3 确定审核重点

通过现状调查和现场考察，审核小组已基本探明了企业现存的问题及薄弱环节，结合企业实际确定审核重点。

A 确定审核重点的原则

（1）污染严重的环节或部位；

（2）能源消耗、资源消耗大的环节或部位；

（3）环境及公众压力大的环节或问题；

（4）有明显的清洁生产机会。

应优先从如上几个方面考虑选择备选审核重点。

B 确定审核重点的方法

（1）简单比较。根据各车间的废弃物排放量、毒性以及能源、资源消耗等情况，进行对比、分析和讨论，通常污染最严重、消耗最大、清洁生产机会最明显的部位定为第一轮审核重点。

（2）权重总和计分排序法。工艺复杂，产品品种和原材料多样的企业，往往难以通过定性比较确定出重点。此外，简单比较一般只能提供本轮审核的重点，难以为今后的清洁生产提供足够的依据。为提高决策的科学性和客观性，采用半定量方法进行分析。

常用方法为权重总和计分排序法。表3-5为某浆厂的权重打分表。

表3-5 各车间权重值一览表

因素	权重 W	得分									
		制浆生产线		碱回收车间		热电站		废水处理厂		化学厂	
		R	$R \times W$	R	$R \times W$	R	$R \times W$	R	$R \times W$	R	$R \times W$
废水排放	10	9	90	8	80	8	80	8	80	6	60
废渣排放	9	9	81	8	72	7	63	7	63	6	54
废气排放	8	9	72	8	64	9	72	7	56	6	48
环境代价	7	9	63	7	49	7	49	7	49	5	35
环保费用	6	9	54	8	48	8	48	8	48	5	30
清洁生产潜力	5	9	45	8	40	7	35	8	40	6	30
总分（$\sum R \times W$）		405		353		347		336		257	
排序		1		2		3		4		5	

根据审核重点的确定原则，对于有制浆的企业，由于纸浆生产用水量大、污染重，一般都以制浆生产车间作为第一审核重点；如果该企业只是买进浆板生产纸产品，就以抄纸车间作为审核重点。对于废纸造纸，有脱墨浆生产的生产线一

般要作为审核重点。

3.2.2.4　设置清洁生产目标

设置定量化的硬性指标，才能使清洁生产真正落实，并能据此检验与考核，达到通过清洁生产预防污染的目的。

A　原则

清洁生产目标是针对审核范围和审核重点制定，可定量化、可操作、并有激励作用。要求不仅有减污、降耗或节能的绝对量，还要有相对量目标，并与现状对照，同时与国家颁布的清洁生产指标体系对照，对企业生产的现状作出评价。

清洁生产目标要具有时限性，分近期和远期目标。近期目标一般指到本轮审核结束、完成无低费方案或者部分完成中高费方案、完成审核报告时为止，远期目标一般为全部完成计划实施的中高费方案，或者审核期2年后。

B　目标的设置

如果企业生产的产品有相应的行业清洁生产评价指标体系，可参考指标以及基准值设置企业的清洁生产目标，同时结合企业实际生产情况设置目标。

国家发展和改革委员会于2006年12月发布并实施《制浆造纸工业清洁生产评价指标体系》，具体内容见附录2-3。

制浆造纸工业清洁生产评价指标体系内容包含：漂白硫酸盐木（竹）浆和本色硫酸盐木浆定量评价指标体系框架、机械木浆和漂白化学非木浆定量评价指标体系框架、废纸浆和纸及纸制品定量评价指标体系框架、漂白硫酸盐木（竹）浆定性评价指标体系框架、本色硫酸盐木浆定性评价指标体系框架、机械木浆定性评价指标体系框架、漂白化学非木浆定性评价指标体系框架、废纸浆定性评价指标体系框架、纸和纸产品定性评价指标体系框架。其中定量和定性指标又分为一级指标和二级指标。一级指标为普遍性、概括性的指标，二级指标为反映制浆造纸企业清洁生产各方面具有代表性的、易于评价考核的指标。定量一级指标内容包括资源和能源消耗指标、生产技术特征指标、资源综合利用指标、污染物产生指标四个方面；定性一级指标内容包括原辅材料要求、生产工艺设备要求、符合国家政策的生产规模要求、环境管理体系建设及清洁生产审核要求、贯彻执行环境法规的符合性要求。

在制定目标前，根据清洁生产指标体系的所列指标，按照体系规定的基准值、权重值以及计算方法，依据已收集到的数据计算被审核企业现有的指标值，打分算出综合评价指数 P 值，对企业有客观正确的评价。综合评价指数 $P \geqslant 90$ 为清洁生产先进企业，$75 \leqslant P < 90$ 为清洁生产企业。

而后对照企业现状值和评价指标基准值，参考国外同类型企业和国内先进企业的指标，并结合企业现有情况进行目标的设置。

表3-6为某制浆造纸企业清洁生产现状及近期清洁生产指标，该指标依据和

参考了《制浆造纸工业清洁生产评价指标体系》，是针对整个审核范围制定，而非仅仅是针对审核重点，这些指标更能反映企业生产技术水平和清洁生产状况。

表3−6　某制浆造纸企业清洁生产现状以及近期清洁生产目标

指标类型	清洁生产指标	2007年状况	一级标准	2009年底目标		2010年底目标	
				绝对量	相对量	绝对量	相对量
资源能源利用指标	取水量/m³·Adt⁻¹①	33	≤50	31.35	↓5%	29.8	↓5%
	综合能耗(外购能源)/kg(标煤)·Adt⁻¹	220	≤500	209	↓5%	198.5	↓5%
	纤维原料(绝干)消耗量(不带皮原木和木片)/t·Adt⁻¹	2.15	≤2.25	保持现状	—	保持现状	—
污染物产生指标	废水产生量/m³·Adt⁻¹	17	≤45	16.15	↓5%	15.3	↓5%
	COD_Cr产生量/kg·Adt⁻¹	2.162	≤55	2.05	↓5%	1.95	↓5%
	BOD₅产生量/kg·Adt⁻¹	0.09	≤20	0.09	—	0.09	—
	SS产生量/kg·Adt⁻¹	0.2	≤15	0.2	—	0.2	—
	AOX产生量/kg·Adt⁻¹	0.056	≤1.0	0.056	—	0.056	—
废物回收利用指标	白泥综合利用率/%	99	≥98	100		100	
	水的重复利用率/%	95	≥85	95		95	
	黑液提取率/%	99	≥99	99		99	
	碱回收率/%	95	≥97	96		97	
	备料渣(指木屑等)综合利用率/%	97	100	100		100	
	污泥综合利用率/%	100	100	100		100	

① Adt表示吨干风浆。

3.2.2.5　提出显而易见的清洁生产方案

在预审核阶段，通过第一阶段清洁生产思想的培训与宣传，在现状调研和现场考察阶段发动全体员工，从清洁生产八个方面提出易于实施、显而易见的清洁生产方案。

3.2.3　审核

审核是企业开展清洁生产审核工作的第三阶段，目的是对审核重点的原辅材料、生产过程以及废物的产生等多方面因素进行审核。通过对审核重点的物料平衡、水平衡、能量平衡及污染因子平衡进行实际测算，分析物料和能量流失的环节，找出污染物产生的原因。查找在原辅材料的存储、运输与使用、生产运行状况、工艺流程、设备的运行与维护、过程与参数控制、管理、人员以及废弃物的处理处置与回收利用等方面存在的问题，并将其与国内外先进水平进行对比，寻找差距，为进一步的产生并筛选清洁生产方案奠定基础。

本阶段工作重点是实测输入输出物流，建立平衡，分析废弃物产生的原因，并提出相应的清洁生产方案。对于制浆造纸企业除了物料平衡、水平衡、能量平衡外，还要建立纤维和碱（针对化学浆生产）的平衡。

3.2.3.1 实测

进行实测之前，首先要编制审核重点的工艺流程图，在图中标出所有输入输出物流，然后制定实测方案。实测方案要与企业参与实测的工作人员共同制定。

实测项目：应对审核重点全部的输入、输出物流进行实测，包括原料、辅料、水、蒸汽、产品、副产品及废弃物等。物流中组分的测定根据实际工艺情况而定。

监测点：监测点的设置须满足物料衡算的要求，即主要的物流进出口要监测，但对因工艺条件所限无法监测的某些中间过程，可用理论计算数值代替。

实测时间和周期：对周期性（间歇）生产的企业，按正常一个生产周期（即一次配料由投入到产品产出为一个生产周期）进行逐个工序的实测。输入输出物流的实测注意同步性，即在同一生产周期内完成相应的输入和输出物流的实测。对于连续生产的企业，应连续（跟班）监测72小时。

实测的条件：70%负荷以上稳定运行生产，按正确的检测方法进行实测。目前许多大型造纸生产企业，自动化水平较高，有比较完备的自动计量程序，许多数据都可以精确地计量，可以作为建立平衡时的实测数据应用。

现场记录：边实测边记录，及时记录原始数据，并标出测定时的工艺条件（温度、压力等）。表3-7为某制浆车间实测记录表。

数据单位：数据收集的单位要统一，并注意与生产报表及年、月统计表的可比性。间歇操作的产品，可以采用单位产品以及消耗进行统计；连续生产的产品，可用单位时间累计产量以及消耗进行统计。

表3-7 某厂制浆车间实测记录表

日期：　　年　　月　　日

实 测 项 目			单位	记录1	记录2	记录3
批 号						
连续蒸煮器	输入木片	重量				
		含水率				
	喂料线排渣	重量				
		含水率				
	输入白液	流量				
		密度				
		浓度				

实　测　项　目			单位	记录 1	记录 2	记录 3
批　　号						
连续蒸煮器	低压蒸汽	蒸汽总量				
		蒸汽压力				
		蒸汽温度				
		低压蒸汽冷凝水流量				
		低压蒸汽冷凝水温度				
	中压蒸汽	蒸汽总量				
		蒸汽压力				
		蒸汽温度				
		中压蒸汽冷凝水流量				
		中压蒸汽冷凝水温度				
	废气	废气量				
		温度				
	输出浆液	总量				
		浓度				
	输出稀黑液	总量				
		浓度				
扩散洗涤	输入洗涤水（按种类记录）					
	输出黑液	总量				
		浓度				
	输出浆液	总量				
		浓度				
筛选	输出木节（去蒸煮）	重量				
		含水率				
	输出浆渣	重量				
		含水率				
	输出浆液	总量				
		浓度				

实 测 项 目			单位	记录1	记录2	记录3
批 号						
压榨洗涤	输入洗涤水（按种类记录）					
	输出黑液	总量				
		浓度				
	输出浆液	总量				
		浓度				
氧脱木素	输入洗涤水（按种类记录）					
	输入 O_2					
	输入 NaOH 溶液					
	输出浆液	总量				
		浓度				
ECF漂白	输入洗涤水（按种类记录）					
	输入 ClO_2 溶液					
	输入 NaOH 溶液					
	输入 O_2					
	输入 H_2O_2 溶液					
	输入 SO_2 溶液					
	输出废水	酸性废水（总量）				
		碱性废水（总量）				
	输出漂白浆	总量				
		浓度				

3.2.3.2 建立物料平衡

进行物料平衡的目的，旨在准确地判断审核重点的废弃物流，定量地确定废弃物的数量、成分以及去向，从而发现过去无组织排放或未被注意的物料流失，并为产生和研制清洁生产方案提供科学依据。

从理论上讲，物料平衡应满足如下公式：

即： 输入 = 输出

首先根据实测数据和工艺流程图编制物料平衡图，图3－4为某纸厂物料平

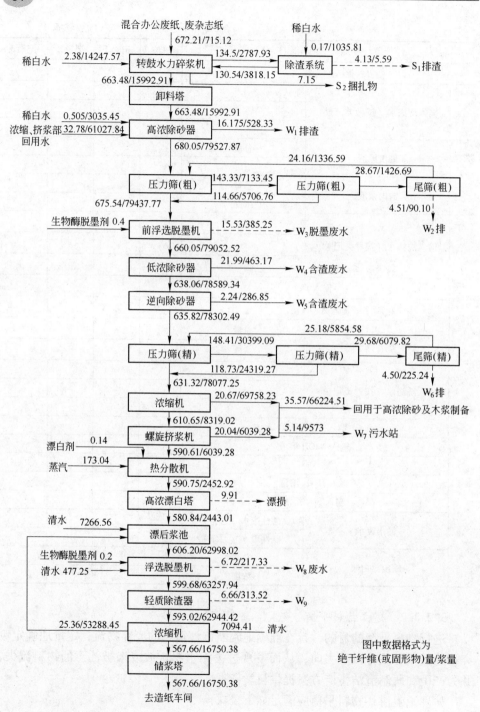

图 3-4　某纸厂脱墨浆物料平衡流程图

衡流程图，该图包含了主要物料、水以及纤维的平衡。

从严格意义上说，水平衡是物料平衡的一部分。水若参与生产并进入产品，则是物料的一部分，但在许多情况下，它并不直接参与反应，而是作为清洗和冷却之用。在这种情况下并当审核重点的耗水量较大时，为了了解耗水过程，寻找减少水耗的方法，应另外编制水平衡图。有些情况下，审核重点的水平衡并不能全面反映问题或水耗在全厂占有重要地位，可考虑就全厂编制一个水平衡图。图3-5为某浆厂抄纸车间水平衡图。

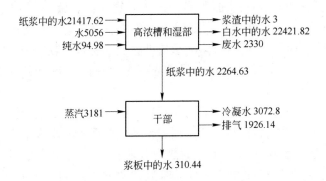

图3-5 某浆厂抄纸车间水平衡图（t）

一般来说企业用水分类如下：

（1）总用水量。企业生产过程总用水量为新水量与重复利用水量之和。

（2）新水量。取自任何水源被第一次利用的水量。制浆造纸企业是耗水大户，通常单位产品新水量是衡量造纸企业的资源消耗情况和清洁生产水平重要指标之一。

（3）耗水量。耗水量系指在确定的系统内，生产过程中进入产品、蒸发、飞溅、携带及生活饮用等所消耗的水量。

（4）漏、溢水量。漏、溢水量系指在确定的系统内，设备、管网、阀门、水箱、水池等用水与储水设施漏失或溢出的水量。

（5）排水量。排水量系指在确定的系统内，排出系统外的水量。

（6）循环用水量。指在确定的系统内，生产过程中已用过的水，无需处理或经过处理再用于原系统代替新水的水量。

（7）串联用水量。指在确定的系统内，生产过程中的排水，不经处理或经处理后，被另一个系统利用的水量。

（8）重复利用水量。指在确定的系统内，循环用水量与串联用水量之和。

从理论上讲，水平衡应满足下面公式：

输入：

$$新鲜水量 + 串联水量 + 循环用水量 = 总用水量$$

输出：

$$总用水量 = 循环用水量 + 耗水量 + 排水量 + 溢漏水量$$

输入输出平衡：

$$新鲜水量 + 串联水量 + 循环用水量 = 循环用水量 + 耗水量 + 排水量 + 溢漏水量$$

3.2.3.3 能量平衡

造纸企业消耗的主要一次能源有：煤（天然气、油品），生产过程需要的能源主要为蒸汽（热能）、电能。大型的造纸企业一般均建有自备电站，生产电力和热力，实现热电联产。同时许多大型造纸企业建有碱回收锅炉，实现废弃物的利用，并且得到节能减排的收益。同时造纸企业在许多环节实现了余热余压的利用。

对制浆造纸企业，可根据企业的实际情况确定能量平衡的范围，即可做全厂的热力平衡和电力平衡，包括生产系统、辅助生产系统和附属生产系统用能以及生活和其他用能，也可作审核重点的热力（蒸汽）或者电力平衡，特别是针对审核重点——浆纸生产的主要环节，通过建立平衡，对蒸汽的使用有清楚的认识。

图 3 - 6 为某浆厂的蒸汽热平衡图，从图中可以看出蒸汽消耗的主要环节。更进一步分析蒸汽释放热量后的余热余压，分析回收热利用的潜力。

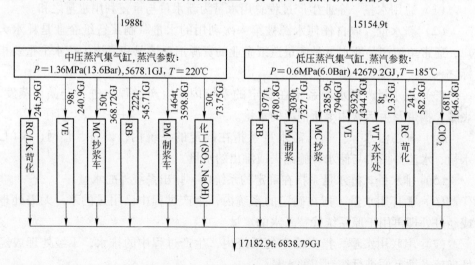

图 3 - 6 某浆厂的蒸汽热平衡图

目前按照国家要求，造纸企业需要建立能源计量管理制度，备有完整的能源计量器具一览表，具体执行标准可参考《用能单位能源计量器具配备和管理通则》（GB 17167—2006）。企业计量器具的配备准确度要按照表 3 - 8 进行。在清洁生产审核时要对企业的能源利用状况和计量器具的配备进行考核。

表 3 - 8　造纸企业能源计量器具准确度等级要求

类　　别	准确度等级要求
电表	不低于 2.0 级
蒸汽流量仪表	不低于 2.5 级
压力仪表（与蒸汽质量计算有关的）	0.5 级
温度表	0.5 级
水流量仪表	不低于 1.5 级
机械式冷水表	计量等级不低于 B 级（最大允许误差 ±2%）
机械式热水表	计量等级不低于 B 级（最大允许误差 ±3%）

3.2.3.4　对实测的结果进行评估

对于物料平衡，要对每一单元操作物料的流失进行全面分析，包括直接原因和间接原因，以及可能在流程、工艺设备等方面的变化，以及对物料平衡产生的有利影响。此外还要查明过去未计入的物料损失量或排放量。

分析水平衡的结果，找出水浪费的原因及实现按照水质梯级利用、水回用的可能方法。

对于能量平衡，分析能量利用是否合理，是否实现能量的阶梯利用；主要用能设备是否运行正常以及效率状况；特别针对热能利用、电能利用进行分析；如果企业有热电站和碱回收系统，要分析碱回收系统对于全厂能源供给做出的贡献，及是否符合热电联产的要求。

3.2.3.5　提出和实施无/低费方案

主要针对审核重点和审核范围，根据物料平衡、水平衡、能量平衡，分析废弃物产生原因、物料损失原因、能量损失原因，提出并实施无/低费方案。

3.2.4　实施方案产生和筛选

实施方案产生和筛选是企业进行清洁生产审核工作的第四个阶段。此阶段的任务是根据审核重点的物料平衡、能量平衡、废弃物产生原因的分析结果，充分调动广大员工的参与热情，全面系统地提出并汇总清洁生产方案。对于可行的无低费方案，应采取边审核边实施的方法予以实施。对于中高费方案，从环境、经济、技术等方面进行初步筛选，从中选出可行的中高费备选方案，供下一阶段进行可行性分析。

3.2.4.1　备选清洁生产方案的产生

备选清洁生产方案主要从原辅材料与能源、技术工艺、设备、过程控制、产品、废弃物、管理和员工等八方面产生。产生的方式主要有：

（1）发动全体职工参与；制定相关的奖励政策，鼓励各方面人员积极参与；

（2）审核小组成员会同有关专家，参照国内外同类型企业先进技术和有关指标；

（3）根据物料平衡、能量平衡、水平衡和针对废弃物产生原因分析产生方案。

3.2.4.2　分类汇总方案

对所有的清洁生产方案，不论已实施的还是未实施的，不论是属于审核重点的还是不属审核重点的，均按原辅材料和能源替代、技术工艺改造、设备维护和更新、过程优化控制、产品更换或改进、废弃物回收利用和循环使用、加强管理、员工素质的提高以及积极性的激励等八个方面列表简述其原理和实施后的预期效果。

3.2.4.3　方案筛选

在进行方案筛选时可采用两种方法。一是用比较简单的方法进行初步筛选，二是采用权重总和计分排序法进行筛选和排序。

初步筛选是要对已产生的所有清洁生产方案进行简单检查和评估，从而分出可行的无/低费方案、初步可行的中/高费方案和不可行方案三大类。其中，可行的无/低费方案可立即实施；初步可行的中/高费方案供下一步进行可行性分析和进一步筛选；不可行的方案则搁置或否定。

初步筛选主要考虑技术可行性、环境效果、经济效益、实施难易程度以及对生产和产品的影响等几个方面，通过企业领导和工程技术人员进行讨论来决策。

而对于中/高费方案主要采用权重总和计分排序法进行筛选和排序。

方案的权重总和计分排序法基本同审核重点的权重总和计分排序法，只是权重因素和权重值可能有些不同。权重因素和权重值的选取可参照以下执行。

（1）环境效果，权重值 $W = 8 \sim 10$。主要考虑是否减少对环境有害物质的排放量及其毒性；是否减少了对工人安全和健康的危害；是否能够达到环境标准等。

（2）经济可行性，权重值 $W = 7 \sim 10$。主要考虑费用效益比是否合理。

（3）技术可行性，权重值 $W = 6 \sim 8$。主要考虑技术是否成熟、先进；能否找到有经验的技术人员；国内外同行业是否有成功的先例；是否易于操作、维护等。

（4）可实施性，权重值 $W = 4 \sim 6$。主要考虑方案实施过程中对生产的影响大小；施工难度，施工周期；工人是否易于接受等。

具体方法参见表 3-9。

表 3-9 方案的权重总和计分排序

权重因素	权重值（W）	方 案 得 分								
		方案 1		方案 2		方案 3		……	方案 n	
		R	$R*W$	R	$R*W$	R	$R*W$		R	$R*W$
环境效果										
经济可行性										
技术可行性										
可实施性										
总分 $\sum R*W$	—									
排序	—									

通过表 3-9 的排序，选定初步可行的中/高费方案，供下一阶段进行可行性分析。

3.2.5 实施方案的确定

该阶段是清洁生产审核工作的第五个阶段。本阶段的主要任务是对初步筛选出来的备选方案进行综合分析，包括技术可行性分析、环境可行性分析和经济可行性分析。通过方案的分析比较，选择技术上可行又获得经济和环境最佳效益的方案供企业领导层进行决策，确定最后实施的清洁生产方案。

通常只针对通过权重排序得分较高的方案进行细致的可行性分析。一般包括方案简介、技术可行性分析、经济可行性分析和环境可行性分析。

3.2.5.1 技术可行性分析

技术可行性分析通常从以下几方面进行：

（1）方案设计中采用的工艺路线、技术设备在经济合理的条件下的先进性、适用性；

（2）与国家有关的技术政策和能源政策的相符性；

（3）技术引进或设备进口要符合我国国情，引进技术后要有消化吸收能力；

（4）资源的利用率和技术途径合理；

（5）技术设备操作上安全、可靠；

（6）技术成熟（例如，国内有实施的先例）。

3.2.5.2 经济可行性分析

经济可行性分析主要采用现金流量分析和财务动态获利性分析方法。

主要经济指标为：

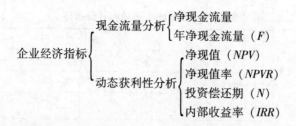

各项指标的计算可参考《企业清洁生产审核手册》。

经济评估准则

（1）投资偿还期（N）应小于定额投资偿还期（视项目不同而定）。定额投资偿还期一般由各个工业部门结合企业生产特点，在总结过去建设经验统计资料基础上，统一确定的回收期限，有的也是根据贷款条件而定。一般：

中费项目	$N < 2 \sim 3$ 年
较高费项目	$N < 5$ 年
高费项目	$N < 10$ 年

投资偿还期小于定额偿还期，项目投资方案可接受。

（2）净现值为正值，$NPV \geqslant 0$。当项目的净现值大于或等于零时则认为此项目投资可行；如净现值为负值，就说明该项目投资收益率低，选择净现值为最大的方案。

（3）净现值率最大。在比较两个以上投资方案时，不仅要考虑项目的净现值大小，而且要求选择净现值率为最大的方案。

（4）内部收益率（IRR）。应大于等于基准收益率或银行贷款利率，即 $IRR \geqslant i_0$（i_0 为基准收益率）。内部收益率（IRR）是项目投资的最高盈利率；也是项目投资所能支付贷款的最高临界利率，如果贷款利率高于内部收益率，则项目投资就会造成亏损。因此，内部收益率反映了实际投资效益，可用以确定能接受投资方案的最低条件。

3.2.5.3 环境可行性分析

任何一种清洁生产方案都应有显著的环境效益，环境评估是方案可行性分析的核心。环境评估应包括以下内容：

（1）资源的消耗与资源可永续利用要求的关系；

（2）生产中废弃物排放量的变化；

（3）污染物组分的毒性及其降解情况；

（4）污染物的二次污染；

（5）操作环境对人员健康的影响；

（6）废弃物的复用、循环利用和再生回收。

通过对方案的可行性分析，确定的中高费方案往往是对清洁生产具有决定意义的方案，是企业依靠技术进步进一步提高清洁生产水平，获得持久的经济效益和环境效益的关键。例如某企业提出的"提高洗浆效率"方案，其可行性研究分析如下。

方案名称及方案简介：提高洗浆效率

某企业在不断的扩大产能的过程中，发现浆料洗不干净、废水 COD 高、化学药品消耗高，为了解决生产出现的问题点，需新增洗浆机。初步估算，通过本方案能够将吨浆 ClO_2 用量从 20kg 降低到 16kg，同时还可以为制浆产量提升到4300Adt/d 做准备。

生产工艺具体流程见图 3－7（圈中为新增洗浆机）

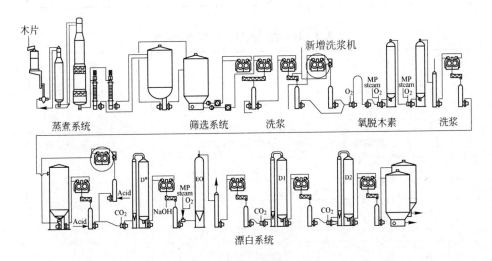

图 3－7　新增洗浆机流程图

A　技术可行性分析

该方案只是在生产流程中新增加洗浆机，经过现场设计、调试实施后，可以在产量提升的状况下，提高浆料的洗涤效率，降低后段的 COD 含量，减少化学药品的用量，同时使得废水的品质能够变得更好；从而降低生产成本，进一步保证环境。该技术经研究，技术工艺不复杂，易于实施。

B　经济可行性分析

方案实施后吨浆的 ClO_2 单耗可以由 20kg 降到 16kg；其 ClO_2 的成本按照 5元/kg 计算，一年以 352 天计算，一年可以产生的经济效益为 2400 万元。

需一次性投资费用见表 3－10，经济可行性分析详见表 3－11。

通过以上分析，方案在整个设备使用期限内会有显著的经济效益，一年半就可以收回投资，因此，该方案在经济上是可行的。

表 3 - 10　　"提高洗浆效率"方案一次性投资费用

序　号	主 要 设 备 名 称	金额/万元
1	洗浆机本体设备（不包含液压系统）（2台）	2630
2	机械配管，安装，钢构，保温工程，滤液泵（2套）	292.826
3	仪表电器（2套）	651.9
4	DCS控制部分（2套）	14.8782
5	土建（泵基础、本体基础）（2套）	2.2
合　计		3591.8042

表 3 - 11　　方案经济分析指标汇总表

序号	项　　目	计　算　式	结　　果
1	总投资		3591.8042（万元）
2	新增效益		2400（万元/年）
3	折旧费	$3591.8042 \times 0.95/10$	227.48（万元/年）
4	投资偿还期	$N = \dfrac{I}{F} = \dfrac{3591.8042}{227.48 + 2400}$	1.37 年
5	净现值（NPV）	$NPV = \sum\limits_{j=1}^{n} \dfrac{F}{(1+i)^j} - I$	20567.45（万元）
6	内部收益率（IRR）	$\sum\limits_{j=1}^{n} \dfrac{F}{(1+IRR)^j} - I = 0$	73.13%

C　环境可行性分析

此方案实施后，将会降低化学药品用量，降低污水排放 COD，COD 降低至 2100mg/L 以下，从源头有效降低废水 COD，降低处理成本。

3.2.6　清洁生产方案的实施与计划

方案的实施是清洁生产审核的第六个阶段，目的是保证实施中高费方案，确保审核成果。清洁生产方案确定后，制定一个完善的、详细的实施计划是非常重要的。

实施方案的确定包括实施计划。实施计划中包括项目名称、实施的时间、负责项目的部门及项目资金筹措计划等。表 3 - 12 为某造纸企业中/高费方案实施计划。

表 3-12 某造纸企业中高费方案实施计划

序号	清洁生产方案名称	实 施 时 间	实施责任部门	资金筹措计划
1	增建碱回收锅炉	2009 年 3 月～2010 年 5 月	碱回收车间	自筹
2	提高洗浆效率	2008 年 1 月～2009 年 2 月	制浆车间	自筹
3	照明系统节电改善	2009 年 3 月～2009 年 12 月	设备科	自筹
4	制浆废水纤维回收	2009 年 6 月～2009 年 10 月	制浆车间	自筹
5	锅炉生物质燃料仓改造	2008 年 4 月～2008 年 12 月	动力车间	自筹

当资金到位后，即可在企业领导的主持下，按计划开始实施清洁生产中高费方案，直至项目完成。项目完成后，还要进行跟踪分析，总结其取得的环境效益和经济效益，以及经验，并与实施前进行比较。

3.2.7 编写清洁生产审核报告及持续清洁生产

清洁生产审核报告是对本轮开展清洁生产审核工作的阶段性成果的总结和汇总。这份报告比较详细地陈述了清洁生产审核的过程以及审核绩效，按照审核报告规范要求，汇总了无低费方案、中高费方案的成果，涵盖了中高费方案的可行性分析以及实施计划。该报告有助于激发企业职工实施清洁生产的积极性，激励企业实施下一轮清洁生产审核，推动企业持续开展清洁生产。内容包括企业概况、审核准备、预审核、审核、方案产生与筛选、实施方案的确定、方案的实施、持续清洁生产、结论等部分。具体内容涉及清洁生产审核过程和结果、清洁生产方案汇总和效益预测分析、清洁生产方案实施计划、持续清洁生产等内容。

清洁生产是一个相对的、动态的概念，是一个连续和循序渐进的发展过程，为了促进企业节能减排和清洁生产工作，要有一个固定的机构和稳定的牵头部门组织推进这项工作，以巩固已取得的清洁生产成果，并使清洁生产工作持续开展下去。

4 清洁生产方案的实施

清洁生产审核的整体思路是发现问题、分析问题、解决问题。通过前期清洁生产审核的具体技术分析，企业已经对生产和服务过程进行了详细深入的调查和诊断，找出了能耗高、物耗高、污染重的原因，并且有针对性地提出了减少有毒有害物料的使用、产生，降低能耗、物耗以及废弃物产生的一系列方案，通过对核心方案进行技术、环境和经济可行性分析，最终选定了技术经济及环境可行的清洁生产方案。然而，这一阶段仅完成了对企业"看病"、"开药方"的工作，企业深层次的高能耗、高物耗和污染严重的问题是否能解决，还需要企业认真实施清洁生产方案，完成"吃药治病"的过程，才能使企业的问题得以真正解决，否则清洁生产工作对企业来说仅仅停留在纸面上，无法得到真正的实效。同时清洁生产方案的实施也是以往企业清洁生产审核工作中较为薄弱的一环。据有关部门统计，清洁生产审核提出的中/高费方案实施率偏低，全国工业企业清洁生产中高费项目的实施率仅为41.7%。因此，清洁生产方案的实施是企业清洁生产审核工作成败的关键。

4.1 清洁生产方案的实施原则

通过清洁生产审核，企业提出一系列清洁生产方案，通常这些清洁生产方案按照其所需费用分为"无/低费方案"和"中/高费方案"。

对于清洁生产审核各个阶段提出的无/低费方案，企业应始终遵循"边审核、边实施、边见效"的实施原则，做到全面实施无/低费方案，使企业及时通过这些方案的实施获得经济效益和环境效益，而这部分经济收益可以逐渐积累，积少成多，成为企业后期实施清洁生产方案的部分资金来源。

对于清洁生产审核确定下来的中/高费方案，要进一步制定实施计划，并付诸实施，这也是清洁生产审核的一部分。这实质上是将清洁生产审核作为清洁生产的一个有机组成，反映了清洁生产的计划、实施、检查、改进的"PDCA"循环，体现了清洁生产动态与持续改进的本质特征。

清洁生产方案实施阶段将深化和巩固清洁生产的成果，在整个清洁生产审核的过程中占有重要的地位，具有重要作用。

4.2 清洁生产方案的实施过程

清洁生产方案实施阶段的工作框图可参见图4-1。

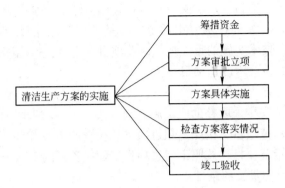

图 4 - 1　方案实施阶段工作框图

4.2.1　筹措资金

4.2.1.1　资金来源

资金是执行清洁生产的必要条件，实施清洁生产所需资金是企业普遍关心的问题，企业要广开财源，积极筹措，积极拓宽资金渠道，以充分的实力支持清洁生产方案的实施，包括利用实施无费、低费方案取得的经济收益，提高折旧率等摊入生产成本，发行企业债券，发动企业员工集资，向银行贷款，利用政府财政专项资金，争取国际金融及政府贷款或赠款等途径扩大资金来源。

企业实施清洁生产方案的资金主要包括内部资金和外部资金两种途径。

（1）企业内部自筹资金。企业内部资金主要包括两个部分，一是现有资金，例如技术改造资金等；二是通过实施清洁生产无/低费方案，逐步积累资金，为实施中/高费方案作好准备。当然如果有必要且条件具备也可以采用发行企业债券、发动企业员工集资等内部筹措资金的方式。

（2）企业外部资金。通常企业外部资金包括：

1）国内借贷资金，如国内银行商业贷款等；

2）国外借贷资金，如世界银行贷款等；

3）其他资金来源，如国际合作项目赠款、环保资金返回款、政府财政专项拨款、发行股票和债券融资等。

4.2.1.2　部分国家、地方清洁生产财政及税收优惠政策

这里主要介绍通过合理利用国家财政政策、税收政策以及地方清洁生产相关政策获得的财政性补助资金和税收优惠。

A　中央财政清洁生产专项资金（财建〔2009〕707 号）

中央财政清洁生产专项资金是专项用于补助和事后奖励清洁生产技术示范项目的资金。清洁生产技术示范项目包括两类：一是应用示范项目，指新技术推广

前的产业化应用示范项目。重点支持对行业整体清洁生产水平影响较大、具有推广应用前景的共性、关键技术应用示范；二是推广示范项目，指应用成熟的先进、适用清洁生产技术实施的重大技术改造项目。重点支持能够显著提升企业清洁生产水平的中高费技术改造项目。

示范项目支持方式及额度：

（1）专项资金安排采取补助或事后奖励方式；

（2）对应用示范项目，按照不超过项目总投资的20%给予资金补助；

（3）对推广示范项目，按照不超过项目实际投资额的15%给予资金奖励。

申报示范项目应具备的条件：

（1）采用的清洁生产技术符合国家有关产业政策要求，原则上项目实施后不新增产能；

（2）项目前期工作符合国家有关规定；

（3）项目整体（含子项）近三年内没有得到其他中央财政资金支持；

（4）项目总投资3000万元以上；

（5）应用示范项目已开工在建，或具备开工条件；推广示范项目已经实施完成。

示范项目申报程序：

（1）每年工业和信息化部将发布申报清洁生产示范项目的通知；

（2）按项目申报通知要求，由省级工业和信息化主管部门（中央企业集团）组织本地企业进行项目申报；

（3）由省级工业和信息化主管部门（中央企业集团）对企业上报项目进行严格遴选并组织专家评审，最后项目汇总后上报工业和信息化部。

  B *政府绿色采购政策*

《清洁生产促进法》中明确规定各级政府应优先采购或者按国家规定比例采购节能、节水、废物再生利用等有利于环境与资源保护的产品，并应通过宣传、教育等措施，鼓励公众购买和使用节能、节水、废物再生利用等有利于环境与资源保护的产品。因此，企业可以充分利用政府绿色采购政策，将符合国家政策的清洁生产产品按照相关程序要求积极申请纳入政府绿色采购清单，从而扩大产品销售渠道及市场份额。

  C *各级技术进步专项资金*

《清洁生产促进法》中明确规定要"对从事清洁生产研究、示范和培训，实施国家清洁生产重点技术改造项目和自愿削减污染物排放协议中载明的技术改造项目，列入国务院和县级以上地方人民政府同级财政安排的有关技术进步专项资金的扶持范围"。因此，对于符合上述要求的清洁生产项目，企业可以积极争取相关的技术进步专项资金的支持。

D 中小企业发展基金

《清洁生产促进法》中要求"在依照国家规定设立的中小企业发展基金中，应当根据需要安排适当数额用于支持中小企业实施清洁生产"。因此对于符合条件的中小企业可以申请"中小企业发展基金"中相应的清洁生产资金支持。

E 合理利用国家税收优惠政策

我国对企业实施清洁生产过程中还给予了相应的税收优惠政策，主要包括：

（1）所得税优惠：对利用废水、废气、废渣等废弃物作为原料进行生产的，在5年内减征或免征所得税——《关于企业所得税若干优惠政策的通知》（财税字［1994］001号）。

（2）增值税优惠：对利用废物生产产品的和从废物中回收原料的，税务机关按照国家有关规定，减征或者免征增值税。如对以煤矸石、粉煤灰和其他废渣为原料生产的建材产品，以及利用废液、废渣提炼黄金、白银等免征增值税——《关于对部分资源综合利用产品免征增值税的通知》（财税字［1995］44号）。

企业可以结合以上各税收减免优惠，按有关规定向有关部门进行申报和审批。

F 地方清洁生产优惠政策

部分省、市人民政府相关部门也制订了清洁生产优惠政策。例如：

a 北京市清洁生产资金（京财经一［2007］156号）

"北京市清洁生产资金"明确了资金支持标准：

（1）对清洁生产审核费用补助申报项目，实际发生金额5万元以下的给予全额补助；实际发生金额超过5万元以上的部分给予70%补助，最高补助额度不超过10万元；

（2）清洁生产中、高费项目采取拨款补助方式，使用北京市发展和改革委员会政府固定资产投资资金的项目，资金补助额度不超过项目固定资产投资的30%，补助金额最高不超过3000万元；使用中小企业发展专项资金的工业企业清洁生产项目，资金补助额度不超过项目总投资的20%，最高不超过200万元。

b 上海市鼓励企业实施清洁生产专项扶持政策

上海市颁布实施了《上海市鼓励企业实施清洁生产专项扶持实施办法》，其中规定了清洁生产专项扶持资金支持范围，包括：

（1）列入《上海市环保三年行动计划》清洁生产试点名单，并已通过清洁生产审核、审计，达到国家标准的示范企业；

（2）通过采取改进产品设计、采取无毒无害的原材料、使用清洁能源或可再生能源、运用先进的物耗低的生产工艺和设备等措施，从源头削减污染物排放，在行业内具有推广和示范作用的清洁生产项目；

（3）通过采用改进生产流程、调整生产布局、改善管理、加强监测等措施，在生产过程中控制污染物产生的，在行业内具有推广和示范作用的清洁生产项目；

（4）企业实施物料、水和能源等资源综合利用或循环使用的，具有推广和示范作用的清洁生产项目；

（5）其他具有行业推广示范效应、符合产业发展导向的清洁生产项目；

（6）对上述 2～5 项，重点支持冶金、有色、化工、医药、电力、纺织、轻工等能耗较高和污染相对严重的行业实施的清洁生产项目。

同时还规定了清洁生产专项扶持资金支持方式和标准：

（1）对列入《上海市环保三年行动计划》清洁生产试点名单，按照国家《清洁生产审核暂行办法》，并已通过清洁生产审核、审计，达到国家标准的示范企业，给予专项资助，资助额最高不超过 20 万元；

（2）对列入本市清洁生产示范的中、高费方案项目，原则上按不超过投资额的 20% 予以补贴，资助金额最高不超过 100 万元。

c 江苏省省级节能减排（节能与循环经济）专项引导资金

江苏省省级节能减排（节能与循环经济）专项引导资金明确了资金支持重点：

（1）在太湖、淮河等重点流域的化工、印染、酿造等重点行业，支持资源合理利用、节能清洁生产示范项目；

（2）企业规范实施清洁生产审核并通过验收，采用先进的工艺和技术实施改造项目，达到国家公告的 24 个行业清洁生产评价体系（国家发展和改革委员会 2005 年第 28 号等相关公告）规定的先进指标。

d 宁波市节能与清洁生产专项资金（甬经资源［2005］49 号）

宁波市设立了"宁波节能与清洁生产专项资金"，主要用于扶持以下项目：

（1）列入宁波市清洁生产推广示范的企业项目，按项目实际投资额给予 20% 以内的补助。对单体企业或单个项目的当年最大补助额原则控制在 150 万元以内；

（2）符合宁波市节能推广目录，单体投资额在 100 万元以上，达到 20% 以上节能效果的企业节能项目，按项目实际投资额给予 8% 的补助；单体企业的当年最大补助额原则控制在 80 万元以内；

（3）列入宁波市重点能源供应结构调整或循环经济项目，给予一定的财政资助；

（4）对实施自愿性清洁生产企业的审核费用，按实际审核费用支出，给予 20% 的补助。

4.2.1.3 合理安排有限的资金

若同时有数个方案需要投资实施时，则要考虑如何合理有效地利用有限的资金。

在方案可分别实施，且不影响生产的条件下，可以对方案实施顺序进行优化，先实施某个或某几个方案，然后利用方案实施后的收益作为其他方案的启动资金，使方案滚动实施。

如某造纸企业的两个可行性方案，需要资金投入见表 4－1。若能获得 64 万元的贷款，则可先启动项目 2，运行一年后，产生的效益即可启动项目 1。

表 4－1　清洁生产方案投资说明

方案	需要投入资金	年净现金流量增值	预计投资回收期
1	103000 元	45070 元	2.3 年
2	640000 元	166150 元	3.8 年

4.2.2　清洁生产方案审批立项

清洁生产方案正式纳入企业实施阶段后，首先要进行相关的行政审批立项工作，主要包括：

（1）编写可行性报告；

（2）专家论证；

（3）报批；

（4）初步设计；

（5）上报；

（6）获得批准。

4.2.3　方案具体实施

经过方案审批立项、资金筹措到位后，就是方案的具体实施，主要包括建设安装和生产运行两大方面。

4.2.3.1　落实施工力量

落实施工包括设计、征地、现场开发，申请施工许可证，兴建厂房，设备选型调研，设计、加工、订货、安装、调试等，主要是土建施工和设备安装与运行。

（1）土建施工的落实

——施工设计

——土地的征用

——施工现场的准备

——施工材料的准备

——施工队伍的落实

——施工进度的安排

——施工质量的验收

（2）设备的安装与运行

——设备选型

——设备调研、订货

——设备安装、调试

——设备验收

4.2.3.2　实施方案

在方案实施前的准备工作就绪后，就可以开始具体的土建施工、安装运行的方案实施工作。

（1）对于中/高费方案的实施（立项、设计、施工、验收等），要按照国家、地方或部门的有关规定执行；

（2）对无费、低费方案的实施过程，也要符合企业的管理和项目的组织、实施程序；

（3）明确责任，将各项工作落实到各部门、人员。

4.2.4　检查方案落实情况

（1）对方案实施进度、质量、管理等进行全面检查；

（2）及时发现问题、解决问题。

4.2.5　组织竣工验收

一般项目由企业自评；重大项目由专家论证。

4.3　清洁生产方案实施效果评估

所谓方案实施效果评估，就是通过提供客观证据，对清洁生产方案的实施，尤其对已实施中/高费清洁生产方案的完成效果的认定。评估企业清洁生产方案实施效果要在清洁生产方案实施后，全面跟踪、评估、统计实施后的技术情况及经济、环境效益，并结合相关的国家清洁生产技术标准。清洁生产方案评估内容如表4-2所示。

表4-2　已实施清洁生产方案评估内容

评估项目	内　　　容
技术评估	评价各项技术指标是否达到原技术要求，对没达到技术要求的要及时提出改进意见
环境评估	方案实施前后各种污染物排放量的变化及物耗、水耗、电耗等资源消耗的变化

评估项目	内　　容
经济评估	对比企业产值、原材料的费用、能源费用、公共设施费用、水费、污染控制费、维修费、税金及净利润等经济指标在方案实施前后的变化
综合评估	对每一清洁生产方案进行技术、环境经济三方面的评价，对已实施的各方案的成功与否做出综合、全面的评价结论

4.3.1　已实施的无/低费方案的效果评估

评价已实施的无/低费方案的成果有两个主要方面：环境效益和经济效益。

（1）环境效益：通过调研、实测和计算，分别对比各项环境指标，包括物耗、水耗、电耗等资源消耗指标以及废水量、废气量、固废量等废弃物产生指标在方案实施前后的变化，从而获得无/低费方案实施后的环境效益，可列表进行，参见工作表 6 – 2。

（2）经济效益：主要对比各种费用在方案实施前后的变化情况，从而获得无费、低费方案实施后的经济效益。这些对比费用包括：产值，原材料费用，能源费用，公共设施费用，水费，污染控制费、维护费，税金以及净利润等经济指标。可列表表述，参见工作表 6 – 3。

4.3.2　已实施的中/高费方案的效果评估

在清洁生产审核中，中/高费方案实施后的成果，是意义重大，影响深远的阶段成果，所以应对已实施的方案，进行全面及时地跟踪分析，通过收集、整理、统计、计算和分析取得的各种效益，为调整和制定后续方案积累可靠的经验，为挖掘企业清洁生产的潜力，进一步为企业推行清洁生产增强信心。

评估已实施中/高费方案的成果，重点是收集方案实施前后的相关数据，通过对审核前后数据的对比和分析，得到已实施中/高费方案的经济效益和环境效益，并将收集到的实际效益与方案设计时的理论效益进行对比和分析，从中发现不足，相应地完善和补充方案，以获得最佳效益，对已实施的中/高费方案成果，进行技术、环境、经济和综合评价。

4.3.2.1　技术评价

技术评价，主要评价各项技术指标是否达到原设计要求，若没有达到要求，应如何改进等。主要从以下几方面考虑：

（1）生产流程是否合理；

（2）生产程序和操作规程有无问题；

（3）设备容量是否满足生产要求；

（4）对生产能力与产品质量的影响如何；

（5）仪表管线布置是否需要调整；

（6）自动化程度和自动分析测试及监测指示方面还需哪些改进；

（7）在生产管理方面还需要做些什么修改和补充；

（8）设备实际运行水平与国内、国际同行的水平有何差距；

（9）设备的技术管理、维修、保养人员是否齐备。

为了更好地进行技术评价，建议把方案实施后的全厂物料平衡图在实测的基础上列出来，并与方案实施前的全厂物料平衡图进行对比。例如某建材企业通过与方案实施前的全厂物料平衡图比较得出结论：审核过程中产生的全部方案实施后，在不增加原材料的情况下，每年可多生产水泥 10000 吨，按 200 元/吨计，每年可增加效益 200 万元。这样的做法优点是更为直观、生动。

4.3.2.2　环境评价

环境评价主要是对于方案实施前后各项环境指标进行对比，以及与设计值进行比较，以考察方案的环境效益和企业环境形象的改善情况。其中，通过方案实施前后的指标数字，可获得方案的环境效益；通过方案的设计值与实施后的实际值的对比，可分析两者的差距，从而可对方案进行完善。

环境评价主要包括以下 6 个方面的内容：

（1）实测方案实施后，废物排放是否达到审核重点要求达到的预防污染目标，废水、废气、废渣、噪声实际削减量；

（2）内部回用/循环利用程度如何，还应做的改进；

（3）单位产品产量和产值的能耗、物耗、水耗降低的程度；

（4）单位产品产量和产值的废物排放量，排放浓度的变化情况；有无新的污染物产生；是否易处置，易降解；

（5）产品使用和报废回收过程中还有哪些环境风险因素存在；

（6）生产过程中有害于健康、生态、环境的各种因素是否得到消除以及应进一步改善的条件和问题。

中/高费方案实施前后环境效益对比，可利用工作表进行表述，参见工作表 6-4。

4.3.2.3　经济评价

经济评价是评价中/高费清洁生产方案实施效果的重要内容。可以从以下提示的方面进行评价：

（1）废料的处理和处置费用，排污费降低多少？事故赔偿费减少多少？

（2）原材料的费用，能源和公共设施费如何？

（3）维修费是否减少？

（4）产品的效益如何？

（5）产品的成本与利润如何？

经济评价及效果统计可利用工作表进行表述，参见工作表6－5。

4.3.2.4　综合评价

即通过对每一个中/高费清洁生产方案进行技术、环境、经济三方面的分别评价，就可以对已实施的各个方案的成功与否，做出综合、全面的评价结论。一般除了用文字说明外，还应附以必要的数字表格统计说明。

4.3.3　分析总结已实施方案对企业的影响

无/低费和中/高费清洁生产方案经过征集、设计、实施等环节，使企业面貌有了改观，有必要进行阶段性总结，以巩固清洁生产成果。

4.3.3.1　汇总环境效益和经济效益

将已实施的无/低费和中/高费清洁生产方案成果汇总成表，内容包括实施时间、投资运行费、经济效益和环境效果，并进行分析，可利用工作表进行表述，参照工作表6－8。

4.3.3.2　对比各项单位产品指标

A　考察清洁生产带给企业效益的方法和因素

（1）可用定性分析的方法，从技术工艺水平、过程控制水平、企业管理水平、员工素质等方面，考察清洁生产带给企业的变化；

（2）可用定量分析的方法，考察审核前后企业各项单位产品指标的变化情况。这是最有说服力、最能体现清洁生产效益的方法和因素。

B　采用定量、定性分析对比的目的

（1）通过定性定量分析，企业可以从中体会清洁生产的优势，总结经验以利于在企业内推行清洁生产；

（2）从定性、定量两方面，与国内外同类型企业对比，寻找差距，分析原因以利改进，从而在深层次寻求清洁生产机会。

4.3.3.3　宣传清洁生产审核成果

在总结已实施的无/低费和中/高费方案清洁生产成果的基础上，组织宣传材料，在企业内大力宣传，为继续推行清洁生产创造良好的条件。

5 持续清洁生产

在清洁生产审核过程中，企业通过对废弃物产生点、产生原因的判定及深入分析，已经找出了一系列消除或削减废弃物的、有针对性的方案，其中对于易于实施的无/低费方案按照"边审核、边实施、边见效"的原则已经加以实施，而对于其中没有实施的最优清洁生产方案，也已经制定详细的实施计划并且逐步实施、落实，对已经实施的方案企业进行了综合汇总和评价，可以说，这一轮清洁生产审核全部结束了。

但是，清洁生产的特点之一即为其持续性。清洁生产不是一时之事，而是一个相对的、不断的持续改进的过程，强调要将清洁生产作为一种企业战略和经营管理的理念持续贯穿于企业的生产与环境管理制度中，以期达到长久持续的污染预防效果。实施清洁生产审核、切实落实清洁生产方案的最终目的是为了持续提高企业清洁生产水平，进而推动行业整体清洁生产水平提升，带动行业整体技术进步。

在清洁生产审核过程中，企业已经对如何持续清洁生产进行了详细的计划，例如建立完善的清洁生产组织机构和管理制度并且制定相应的清洁生产计划等。在完成一轮清洁生产审核之后，需要企业切实落实清洁生产审核过程中所制定的持续清洁生产的计划，确保企业在清洁生产方面实现不断地持续改进。

5.1 建立和完善清洁生产组织

清洁生产是一个动态的、相对的概念，是一个连续的过程，因而需要有一个固定的机构、稳定的工作人员来组织和协调这方面工作，以巩固已取得的清洁生产成果，并使清洁生产工作持续地开展下去。

5.1.1 明确任务

企业清洁生产组织机构的任务有以下四个方面：
（1）组织协调并监督实施本次审核提出的清洁生产方案；
（2）经常性地组织对企业职工的清洁生产教育和培训；
（3）选择下一轮清洁生产审核重点，并启动新的清洁生产审核；
（4）负责清洁生产活动的日常管理。

5.1.2 落实归属

清洁生产机构要想起到应有的作用，及时完成任务，必须落实其归属问题。

企业的规模、类型和现有机构等千差万别，因而清洁生产机构的归属也有多种形式，各企业可根据自身的实际情况具体掌握。可考虑以下几种形式：

（1）单独设立清洁生产办公室，直接归属厂长领导；

（2）在环保部门中设立清洁生产机构；

（3）在管理部门或技术部门中设立清洁生产机构。

不论是以何种形式设立的清洁生产机构，企业的高层领导要有专人直接领导该机构的工作，因为清洁生产涉及生产、环保、技术、管理等各个部门，必须有高层领导的协调才能有效地开展工作。

5.1.3　确定专人负责

为避免清洁生产机构流于形式、确定专人负责是很有必要的。该职员须具备以下能力：

（1）熟练掌握清洁生产审核知识；

（2）熟悉企业的环保情况；

（3）了解企业的生产和技术情况；

（4）较强的工作协调能力；

（5）较强的工作责任心和敬业精神。

5.2　建立和完善清洁生产管理制度

清洁生产管理制度包括把审核成果纳入企业的日常管理轨道、建立激励机制和保证稳定的清洁生产资金来源。

5.2.1　把审核成果纳入企业的日常管理

把清洁生产的审核成果及时纳入企业的日常管理轨道，是巩固清洁生产成效、防止走过场的重要手段，特别是通过清洁生产审核产生的一些无/低费方案，如何使它们形成制度显得尤为重要。

（1）把清洁生产审核提出的加强管理的措施文件化，形成制度；

（2）把清洁生产审核提出的岗位操作改进措施，写入岗位的操作规程，并要求严格遵照执行；

（3）把清洁生产审核提出的工艺过程控制的改进措施，写入企业的技术规范。

5.2.2　建立和完善清洁生产激励机制

在奖金、工资分配、提升、降级、上岗、下岗、表彰、批评等诸多方面,充分与清洁生产挂钩,建立清洁生产激励机制,以调动全体职工参与清洁生产的积极性。

5.2.3　保证稳定的清洁生产资金来源

清洁生产的资金来源可以有多种渠道，例如贷款、集资等，但是清洁生产管理制度的一项重要作用是保证实施清洁生产所产生的经济效益，全部或部分地用于清洁生产和清洁生产审核，以持续滚动地推进清洁生产。建议企业财务对清洁生产的投资和效益单独建账。

5.3　定期进行清洁生产水平评价

实施清洁生产审核、切实落实清洁生产方案的最终目的是为了持续提高企业清洁生产水平，进而推动行业整体清洁生产水平提升，带动行业整体技术进步。

通过定期开展清洁生产水平评价工作，对企业的清洁生产水平进行等级划分，促进企业实施清洁生产，提高资源和能源的利用效率，减少污染物的产生和排放，提高企业的经济、环境和社会效益。因此企业不单要在清洁生产审核过程中要对照本行业"清洁生产水平评价指标体系"评价企业在清洁生产审核之前所处的清洁生产水平，作为制定本轮清洁生产审核目标的技术依据，同时在每一轮清洁生产审核结束并实施了全部清洁生产方案之后，还需要对清洁生产审核之后企业所处的行业清洁生产水平进行综合评价，从而进一步明确本轮清洁生产审核给企业带来的整体实效。

5.3.1　什么是"清洁生产水平评价"

企业"清洁生产水平"就是企业通过实施清洁生产，在工艺装备与生产技术、资源与能源消耗、产品的清洁生产特征、污染物产生与控制、清洁生产管理、废物利用方面所达到的程度。

企业"清洁生产水平评价"就是对企业所达到的清洁生产水平进行的综合评定。

5.3.2　清洁生产水平等级的划分

企业清洁生产水平的评价以清洁生产综合评价指数为依据，对达到一定综合评价指数的企业，分别评定为清洁生产先进企业或清洁生产企业。

5.3.3　清洁生产评价指标体系

清洁生产评价指标是用于衡量清洁生产水平的指标，包括定量指标和定性指标。而由一组相互联系、相互独立、相互补充的系列清洁生产水平评价指标则组成了清洁生产水平评价指标体系，是用于评价企业清洁生产绩效的指标集合。

现有企业清洁生产水平评价指标体系的一级评价指标包括六大类，即：

（1）资源与能源消耗指标；

（2）生产技术特征指标；

（3）产品特征指标；

（4）污染物产生指标；

（5）资源综合利用指标；

（6）环境管理与劳动安全卫生指标。

5.3.4 企业如何进行"清洁生产水平评价"

企业可按照本行业的"清洁生产评价指标体系"，根据一定的方法和步骤对清洁生产水平评价指标进行综合计算得出相应的数值，根据满分一百分的原则，对企业所处的清洁生产水平进行综合打分、评价和等级划分。

原则上，企业的"清洁生产水平评价"工作一年进行一次，这样可以随时掌握企业在同行业中所处的清洁生产水平，尤其是找出与同行业、同规模、同等技术水平的企业之间存在的不足，针对这些差距，按照清洁生产审核的思路逐步改进、提高，最终实现企业持续发展。

此项工作由企业新组建的清洁生产组织定期完成，并将结果及时上报有关领导，用于指导企业清洁生产工作有重点、有组织地顺利持续进行下去。

5.4 制定持续清洁生产计划

在持续清洁生产的过程中，制定一系列持续清洁生产计划的计划也是必不可少了，计划可以帮助清洁生产工作有组织、有计划地在企业中进行下去。持续清洁生产计划主要包括以下几个方面：

（1）清洁生产审核工作计划：指下一轮的清洁生产审核。新一轮清洁生产审核的启动并非一定要等到本轮审核的所有方案都实施以后才进行，只要大部分可行的无/低费方案得到实施，取得初步的清洁生产成效，并在总结已取得的清洁生产经验的基础上，即可开始新的一轮审核。

（2）清洁生产方案的实施计划：指经本轮审核提出的可行的无/低费方案和通过可行性分析的中/高费方案。

（3）清洁生产新技术的研究与开发计划：根据本轮审核发现的问题，研究与开发新的清洁生产技术。

（4）企业职工的清洁生产培训计划：包括岗前培训、在职培训和日常的清洁生产宣传、成果推广等活动。

在企业完成了保证清洁生产在企业持续进行下去的相关工作之后，根据清洁生产不断改进、螺旋式上升的持续性特点，清洁生产审核将在企业一轮一轮开展下去，从而使清洁生产工作在企业内部得以长期、持续地开展下去。

附录1　技术类文件

附录1-1　清洁生产审核工作表（通用）

使用说明：

（1）本附录的调查工作用表是为清洁生产审核人员的工作方便而专门设计的。基本上涵盖了审核过程中所需调查的数据、材料以及工作内容。

（2）调查工作用表是为一般企业设计的通用的调查工作用表，审核人员可根据不同企业的实际情况进行复制、修改和补充。

（3）调查工作用表为审核人员工作时使用，并不要求将全部表格作为审核报告的内容，但部分重要表格将进入审核报告之中。

工作表 1－1　审核小组成员表

姓名	审核小组职务	来自部门及职务职称	专业	职责	应投入的时间

制表＿＿＿＿＿＿＿＿＿　　审核＿＿＿＿＿＿＿＿＿　　第＿＿＿页　共＿＿＿页

注：若仅设立一个审核小组，则依次填写即可，若分别设立了审核领导小组和工作小组，则可分成两表或在一表内隔开填写。

工作表1-2 审核工作计划表

阶 段	工作内容	完成时间	责任部门及负责人	考核部门及人员	产出
1 审核准备					
2 预审核					
3 审核					
4 实施方案产生和筛选					
5 实施方案的确定					
6 清洁生产方案的实施与计划					
7 持续清洁生产计划					
8 编写清洁生产审核报告					

制表_____   审核_____   第____页 共____页

工作表2-1　企业简述

企业名称：_____　　所属行业：_____

企业类型：_____　　法人代表：_____

地址及邮政编码：_____

电话及传真：_____　　联系人：_____

主要产品、生产能力及工艺：

关键设备

年末职工总数：_____　　技术人员总数：_____

企业固定资产总值：_____

企业年总产值：_____　　年总利税：_____

建厂日期：_____　　投产日期：_____

其他：

制表_____　　　审核_____　　　第_____页　共_____页

工作表2-2　资料收集名录

序号	内　容	可否获得 （是或否）	来源	获取方法	备注
1	平面布置图				
2	组织机构图				
3	工艺流程图				
4	物料平衡资料				
5	水平衡资料				
6	能源衡算资料				
7	产品质量记录				
8	原辅材料消耗及其成本				
9	水、燃料、电力消耗及其成本				
10	企业环境方面的资料				
11	企业设备及管线资料				
12	生产管理资料				
13	其他相关资料				

制表＿＿＿＿＿＿＿　　审核＿＿＿＿＿＿　　第＿＿＿页　共＿＿＿页

工作表 2 – 3　环保设施状况表

设施名称_____处理废弃物种类_____建成时间_____折旧年限_____

建投投资_____（万元）设计处理量_____实际处理量_____年运行费_____（万元）

年耗电量_____（千瓦时）运行天数_____（天/年）____（天/月）监测频率____（次/月）

设施运行效果

污染物名称	实际处理量		入口浓度			出口浓度			污染物去除量	说明
	平均值	最大值	平均值	最高值	最低值	平均值	最高值	最低值		

处理方法及工艺流程简图

制表_____　审核_____　第_____页　共_____页

注：环保设施包括废水、废气、固废、噪声处理设施以及综合利用设施。

工作表 2 - 4　企业环保达标及污染事故调查表

一、环保达标情况

　　1. 采用的标准

　　2. 达标情况

　　3. 排污费

　　4. 罚款与赔偿

二、重大污染事故

　　1. 简述

　　2. 原因分析

　　3. 处理与善后措施

制表_____　　　审核_____　　　第_____页　共_____页

工作表 2 – 5 车间（分厂）生产情况表

车间（分厂）名称：_____

车间（分厂）简述：

车间（分厂）生产类型：

□连续

□间歇加工

□批量生产

□其他：____

制表_____ 审核_____ 第____页 共____页

工作表2-6　产品设计信息

产品名称＿＿＿＿＿＿＿＿

问　题	描　述
1　产品能满足哪些功能？	
2　产品是否进行转变或功能改进？	
3　其功能能否更符合保护环境的要求？	
4　使用哪些物料（包括新的物料）？	
5　现用物料对环境有何影响？	
6　今后需用的物料对环境有何影响？	
7　产品（产品设计）是否便于拆卸和维修？	
8　包括多少组件？	
9　拆卸需多少时间？	
10　不拆卸对废弃物处理有什么后果？	
11　使用期限有多长？	
12　哪些组件决定其使用期限？	
13　那些决定使用期限的组件是否易于更换？	
14　产品/物料使用后有多大的回用可能性？	
15　产品组件或物料有多大的回用可能性？	
16　如何提高产品/物料回用的可能性？	
17　提高产品/物料回用存在的问题？	
18　能否减少或消除这些问题？	
19　能否通过贴标签增强对物料的识别？需要什么样的机会？	
20　这样做对环境和能源方面有什么影响？	

制表＿＿＿＿＿＿＿＿　　　审核＿＿＿＿＿＿＿＿　　　第＿＿＿页　共＿＿＿页

工作表 2-7　输入物料汇总表

车间（分厂）名称＿＿＿＿＿＿＿＿＿＿

项　目		物　料		
		物料号：	物料号：	物料号：
物料种类				
名　称				
物料功能				
有害成分及特性				
活性成分及特性				
有害成分浓度				
年消耗量	总　计			
	有害成分			
单位价格				
年总成本				
输送方式				
包装方式				
储存方式				
内部运输方式				
包装材料管理				
库存管理				
储存期限				
供应商是否回收	到储存期限的物料			
	包装材料			
可能的替代物料				
可能选择的供应商				
其他资料				

制表＿＿＿＿＿＿＿＿　　审核＿＿＿＿＿＿＿　　第＿＿＿页　共＿＿＿页

注：（1）按工段分别填写；
　　（2）"输入物料"指生产中使用的所有物料，其中有些未包含在最终产品中，如清洁剂、润滑油脂等；
　　（3）物料号应尽量与工艺流程图上的号相一致；
　　（4）"物料功能"，指原料、产品、清洁剂、包装材料等；
　　（5）"输送方式"，指管线、槽车、卡车等；
　　（6）"包装方式"，指 200 升容器、纸袋、罐等；
　　（7）"储存方式"，指有掩盖、仓库、无掩盖、地上等；
　　（8）"内部运输方式"，指用泵、叉车、气动运送、输送带等；
　　（9）"包装材料管理"，指排放、清洁后重复使用、退回供应商、押金系统等；
　　（10）"库存管理"，指先进先出或后进先出。

工作表2-8　产品汇总

车间（分厂）名称_____

项　目		产　品		
		物料号：	物料号：	物料号：
产品种类				
名　称				
有害成分特性				
年产量	总　计			
	有害成分			
运输方法				
包装方法				
就地储存方法				
包装能否回收（是/否）				
储存期限				
客户是否准备	接受其他规格的产品			
	接受其他包装方式			
其他资料				

制表_____　　　　审核_____　　　第_____页　共_____页

注：这些产品号应尽量与工艺流程图上的号相一致。

工作表 2 – 9　废弃物特性

车间（分厂）名称＿＿＿＿＿＿＿＿＿＿

1　废弃物名称＿＿＿＿＿＿＿＿＿＿＿＿＿＿＿＿＿＿＿＿＿＿＿＿＿＿＿＿＿＿
2　废弃物特性＿＿＿＿＿＿＿＿＿＿＿＿＿＿＿＿＿＿＿＿＿＿＿＿＿＿＿＿＿＿
　化学和物理特性简介（如有分析报告请附上）＿＿＿＿＿＿＿＿＿＿＿＿＿＿＿
　＿＿＿＿＿＿＿＿＿＿＿＿＿＿＿＿＿＿＿＿＿＿＿＿＿＿＿＿＿＿＿＿＿＿＿＿
　＿＿＿＿＿＿＿＿＿＿＿＿＿＿＿＿＿＿＿＿＿＿＿＿＿＿＿＿＿＿＿＿＿＿＿＿
　有害成分＿＿＿＿＿＿＿＿＿＿＿＿＿＿＿＿＿＿＿＿＿＿＿＿＿＿＿＿＿＿＿＿
　有害成分浓度（如有分析报告请附上）＿＿＿＿＿＿＿＿＿＿＿＿＿＿＿＿＿＿
　＿＿＿＿＿＿＿＿＿＿＿＿＿＿＿＿＿＿＿＿＿＿＿＿＿＿＿＿＿＿＿＿＿＿＿＿
　＿＿＿＿＿＿＿＿＿＿＿＿＿＿＿＿＿＿＿＿＿＿＿＿＿＿＿＿＿＿＿＿＿＿＿＿
　有害成分及废弃物所执行的环境标准/法规＿＿＿＿＿＿＿＿＿＿＿＿＿＿＿＿＿
　＿＿＿＿＿＿＿＿＿＿＿＿＿＿＿＿＿＿＿＿＿＿＿＿＿＿＿＿＿＿＿＿＿＿＿＿
　有害成分及废弃物所造成的问题＿＿＿＿＿＿＿＿＿＿＿＿＿＿＿＿＿＿＿＿＿＿
　＿＿＿＿＿＿＿＿＿＿＿＿＿＿＿＿＿＿＿＿＿＿＿＿＿＿＿＿＿＿＿＿＿＿＿＿
3　排放种类
　□ 连续
　□ 不连续
　　　　类型　□ 周期性＿＿＿＿＿＿＿　周期时间＿＿＿＿＿＿＿＿
　　　　　　　□偶尔发生（无规律）
4　产生量
5　排放量
　最大＿＿＿＿＿＿＿＿＿＿＿　平均＿＿＿＿＿＿＿＿＿＿＿＿＿
6　处理处置方式＿＿＿＿＿＿＿＿＿＿＿＿＿＿＿＿＿＿＿＿＿＿＿＿＿＿＿＿＿
　＿＿＿＿＿＿＿＿＿＿＿＿＿＿＿＿＿＿＿＿＿＿＿＿＿＿＿＿＿＿＿＿＿＿＿＿
7　发生源＿＿＿＿＿＿＿＿＿＿＿＿＿＿＿＿＿＿＿＿＿＿＿＿＿＿＿＿＿＿＿＿
8　发生形式＿＿＿＿＿＿＿＿＿＿＿＿＿＿＿＿＿＿＿＿＿＿＿＿＿＿＿＿＿＿＿
9　是否分流
　□ 是
　□ 否，与何种废弃物合流＿＿＿＿＿＿＿＿＿＿＿＿

制表＿＿＿＿＿＿＿＿＿　审核＿＿＿＿＿＿＿　第＿＿＿页　共＿＿＿页

工作表2－10　企业历年原辅料和能源消耗表

主要原辅料和能源	单位	使用部位	近三年年消耗量			近三年单位产品消耗量				备注
						实耗			定额	

制表＿＿＿＿＿＿＿＿＿　　　审核＿＿＿＿＿＿＿＿＿　　　第＿＿＿＿页　共＿＿＿＿页

注：备注栏中填写与国内外同类先进企业的对比情况。

工作表 2 - 11　企业历年产品情况表

产品名称	生产车间	产品单位	近三年年产量			近三年年产值			占总产值比例			备注

制表＿＿＿＿＿＿＿＿＿　　审核＿＿＿＿＿＿＿　　第＿＿＿＿页　共＿＿＿＿页

工作表 2 – 12　企业历年废弃物流情况表

类别	名称	近三年年排放量			近三年单位产品消耗量			备注
					实　排		定额	
废水	废水量							
废气	废气量							
固废	总废渣量							
	有毒废渣							
	炉渣							
	垃圾							
其他								

制表_____　　　审核_____　　　第_____页　共_____页

注：（1）备注栏中填写与国内外同类先进企业的对比情况；

　　（2）其他栏中可填写物料流失情况。

工作表 2 - 13　企业废弃物产生原因分析表

主要废弃物产生源	原 因 分 类							
	原辅材料和能源	技术工艺	设备	过程控制	产品	废弃物特性	管理	员工

制表＿＿＿＿＿＿＿　　审核＿＿＿＿＿＿＿　　第＿＿＿页　共＿＿＿页

工作表3-1　审核重点资料收集名录

序号	内　　容	可否获得（是或否）	来源	获取方法	备　注
1	平面布置图				
2	组织机构图				
3	工艺流程图				
4	各单元操作工艺流程图				
5	工艺设备流程图				
6	输入物料汇总表				参见工作表2-7
7	产品汇总表				参见工作表2-8
8	废弃物特性				参见工作表2-9
9	历年原辅料和能源消耗表				参见工作表2-10
10	历年产品情况表				参见工作表2-11
11	历年废弃物流情况表				参见工作表2-12

制表＿＿＿＿＿＿＿　　审核＿＿＿＿＿＿　　第＿＿＿页　共＿＿＿页

注：审核重点的许多调查表形式与预评估阶段各工段的调查表（如工作表2-7~工作表2-12）的形式完全一样，只是把内容由"工段"细化为审核重点的"操作单元"即可，因而这些表格不再重复列出。

工作表 3 - 2 审核重点单元操作功能说明表

单元操作名称	功　能

制表＿＿＿＿＿＿＿＿　　　审核＿＿＿＿＿＿＿＿　　　第＿＿＿页　共＿＿＿页

工作表3-3 审核重点物流实测准备表

序号	监测点位置及名称	监测项目及频率								备注
		项目	频率	项目	频率	项目	频率	项目	频率	

制表_____ 审核_____ 第_____页 共_____页

工作表 3 - 4　审核重点物流实测数据表

序号	监测点名称	取样时间	实测结果				备　注

制表＿＿＿＿＿＿＿＿＿＿　　　审核＿＿＿＿＿＿＿＿　　　第＿＿＿页　共＿＿＿页

注：备注栏中填写取样时的工况条件。

工作表3－5　审核重点废弃物产生原因分析表

废弃物产生部位	废弃物名称	影　响　因　素							
		原辅材料和能源	技术工艺	设备	过程控制	产品	废弃物特性	管理	员工

制表＿＿＿＿＿＿＿＿　　　审核＿＿＿＿＿＿＿＿　　　第＿＿＿页　共＿＿＿页

工作表 4 – 1　清洁生产合理化建议表

姓名＿＿＿＿＿＿＿　　　部门＿＿＿＿＿＿＿＿　　　联系电话＿＿＿＿＿

建议的主要内容：

可能产生的效益估算：

所需的投入估算：

制表＿＿＿＿＿＿＿＿　　　审核＿＿＿＿＿＿＿　　　第＿＿＿页　共＿＿＿页

工作表 4 - 2　方案汇总表

方案类型	方案编号	方案名称	方案简介	预计投资	预计效果	
					环境效果	经济效益
原辅材料和能源替代						
技术工艺改造						
设备维护和更新						
过程优化控制						
产品更换或改进						
废弃物回收利用和循环使用						
加强管理						
员工素质的提高及积极性的激励						

制表＿＿＿＿＿＿＿＿＿　　　审核＿＿＿＿＿＿＿　　　第＿＿＿＿页　共＿＿＿＿页

工作表 4-3　方案的权重总和计分排序表

权重因素	权重值（W）	方案得分（R = 1~10）			
		名称：	名称：	名称：	名称：
环境效果					
经济可行性					
技术可行性					
可实施性					
（其他）					
总分（$\sum W \times R$）					
排序					

制表＿＿＿＿＿＿＿＿　　审核＿＿＿＿＿＿＿＿　　第＿＿＿＿页　共＿＿＿＿页

工作表4-4 方案筛选结果汇总表

筛选结果	方案编号	方案名称
可行的无/低费方案		
初步可行的中/高费方案		
不可行方案		

制表＿＿＿＿＿＿＿＿＿＿　　审核＿＿＿＿＿＿＿＿　　第＿＿＿页　共＿＿＿页

工作表 4 – 5　方案说明表

方案编号及名称	
要　点	
主要设备	
主要技术经济指标（包括费用及效益）	
可能的环境影响	

制表＿＿＿＿＿＿　　审核＿＿＿＿＿＿　　第＿＿＿页　共＿＿＿页

工作表4-6　无/低费方案实施效果的核定与汇总表

方案编号	方案名称	实施时间	投资	运行费	经济效益	环境效果		
小　　计								

制表_____　　　审核_____　　　第_____页　共_____页

工作表 5 – 1　投资费用统计表

可行性分析方案名称：

1. 基建投资
   （1）固定资产投资
     ① 设备购置
     ② 物料和场地准备
     ③ 与公用设施连接费（配套工程费）
   （2）无形资产投资
     ① 专利或技术转让费
     ② 土地使用费
     ③ 增容费
   （3）开办费
     ① 项目前期费用
     ② 筹建管理费
     ③ 人员培训费
     ④ 试车和验收的费用
   （4）不可预见费
2. 建设期利息
3. 项目流动资金
   （1）原材料，燃料占用资金的增加
   （2）在制品占用资金的增加
   （3）产成品占用资金的增加
   （4）库存现金的增加
   （5）应收账款的增加
   （6）应付账款的增加

总投资汇总 = 1. + 2. + 3.

4. 补贴

总投资费用 = 1. + 2. + 3. – 4.

制表＿＿＿＿＿＿＿＿　　审核＿＿＿＿＿＿＿＿　　第＿＿＿＿页　共＿＿＿＿页

工作表5-2 运行费用和收益统计表

可行性分析方案名称：

1. 年运行费用总节省金额（P）

   $P = (1) + (2)$

   （1）收入增加额

   ① 由于产量增加的收入

   ② 由于质量提高，价格提高的收入增加

   ③ 专项财政收益

   ④ 其他收入增加额

   （2）总运行费用的减少额

   ① 原材料消耗的减少

   ② 动力和燃料费用的减少

   ③ 工资和维修费用的减少

   ④ 其他运行费用的减少

   ⑤ 废物处理/处置费用的减少

   ⑥ 销售费用的减少

2. 新增设备年折旧费（D）

3. 应税利润（T）= $P - D$

4. 净利润 = 应税利润 - 各项应纳税金

   ① 增值税

   ② 所得税

   ③ 城建税和教育附加税

   ④ 资源税

   ⑤ 消费税

制表_____   审核_____   第_____页   共_____页

注：（1）"收入增加额"为负，则表示收入减少；

（2）"总运行费用的减少额"为负，则表示总运行费用增加。

工作表5-3 方案经济评估指标汇总表

经济评价指标	方案：	方案：	方案：
1 总投资费用（I）			
2 年运行费用总节省金额（P）			
3 新增设备年折旧费			
4 应税利润			
5 净利润			
6 年增加现金流量（F）			
7 投资偿还期（N）			
8 净现值（NPV）			
9 净现值率（$NPVR$）			
10 内部收益率（IRR）			

制表_____ 审核_____ 第____页 共____页

工作表 5 – 4 方案简述及可行性分析结果表

方案名称/类型 _____

方案的基本原理：

方案简述：

获得何种效益 _____

国内外同行业水平 _____

方案投资 _____

影响下列废弃物 _____

影响下列原料和添加剂 _____

影响下列产品 _____

技术评估结果简述：

环境评估结果简述：

经济评估结果简述：

制表_____ 审核_____ 第_____页 共_____页

工作表 6 - 1　方案实施计划进度表（甘特图）

方案名称：

编号	任务	期限	时　标								负责部门和负责人

制表＿＿＿＿＿＿＿＿　　审核＿＿＿＿＿＿＿＿　　第＿＿＿页　共＿＿＿页

注：（1）"时标"以条形图显示任务的起始日期和期限；
　　（2）两个任务间的联系用任务间所画箭头表示。

工作表 6－2 已实施的无/低费方案环境效果对比一览表

编号	方案名称	比较项目	资源消耗					废弃物产生			
			物耗	水耗	能耗			废水量	废气量	固体废物量	
		实施前									
		实施后									
		削减量									
		实施前									
		实施后									
		削减量									
		实施前									
		实施后									
		削减量									
		实施前									
		实施后									
		削减量									
		实施前									
		实施后									
		削减量									
		实施前									
		实施后									
		削减量									
		实施前									
		实施后									
		削减量									
		实施前									
		实施后									
		削减量									
		实施前									
		实施后									
		削减量									

制表＿＿＿＿＿＿＿   审核＿＿＿＿＿＿＿   第＿＿＿＿页 共＿＿＿＿页

工作表 6 - 3　已实施的无/低费方案经济效益对比一览表

编号	比较项目 / 方案名称	产值	原材料费用	能源费用	公共设施费用	水费	污染控制费用	污染排放费用	维修费	税金	其他支出	净利润		
	实施前													
	实施后													
	经济效益													
	实施前													
	实施后													
	经济效益													
	实施前													
	实施后													
	经济效益													
	实施前													
	实施后													
	经济效益													
	实施前													
	实施后													
	经济效益													
	实施前													
	实施后													
	经济效益													
	实施前													
	实施后													
	经济效益													
	实施前													
	实施后													
	经济效益													

制表＿＿＿＿＿＿　　审核＿＿＿＿＿＿　　第＿＿＿页　共＿＿＿页

工作表6－4　已实施的中/高费方案环境效果对比一览表

编号	方案名称	项　目	资源消耗				废弃物产生		
			物耗	水耗	能耗		废水量	废气量	固体废物量
		方案实施前（A）							
		设计的方案（B）							
		方案实施后（C）							
		方案实施前后之差（A－C）							
		方案设计与实际之差（B－C）							
		方案实施前（A）							
		设计的方案（B）							
		方案实施后（C）							
		方案实施前后之差（A－C）							
		方案设计与实际之差（B－C）							
		方案实施前（A）							
		设计的方案（B）							
		方案实施后（C）							
		方案实施前后之差（A－C）							
		方案设计与实际之差（B－C）							
		方案实施前（A）							
		设计的方案（B）							
		方案实施后（C）							
		方案实施前后之差（A－C）							
		方案设计与实际之差（B－C）							

制表＿＿＿＿＿＿＿　　审核＿＿＿＿＿＿＿　　　第＿＿＿页　共＿＿＿页

工作表 6 - 5　已实施的中/高费方案经济效果对比一览表

编号	方案名称	项　目	产值	原材料费用	能源费用	公共设施费用	水费	污染控制费用	污染排放费用	维修费	税金	其他支出	净利润
		方案实施前（A）											
		设计的方案（B）											
		方案实施后（C）											
		方案实施前后之差（A－C）											
		方案设计与实际之差（B－C）											
		方案实施前（A）											
		设计的方案（B）											
		方案实施后（C）											
		方案实施前后之差（A－C）											
		方案设计与实际之差（B－C）											
		方案实施前（A）											
		设计的方案（B）											
		方案实施后（C）											
		方案实施前后之差（A－C）											
		方案设计与实际之差（B－C）											

制表＿＿＿＿＿＿＿＿＿　　审核＿＿＿＿＿＿＿＿＿　　第＿＿＿＿页　共＿＿＿＿页

注：（1）设计的方案费用是方案费用的理论值，方案实施后的费用是该方案费用的实际值，分析二者之差是为了寻找差距，完善方案。

（2）表中各栏，若为收入则值为正，若为支出则值为负。

工作表6-6 已实施的清洁生产方案环境效果汇总表

类型	编号	名称	资源消耗（削减量）					废弃物产生（削减量）			
			物耗	水耗	能耗			废水量	废气量	固废量	
无/低费方案											
小计	削减量										
	削减率										
中/高费方案											
小计	削减量										
	削减率										
总计	总削减量										
	总削减率										

制表＿＿＿＿＿＿＿＿＿＿ 审核＿＿＿＿＿＿＿＿ 第＿＿＿＿页 共＿＿＿＿页

工作表 6－7　已实施清洁生产方案经济效益汇总表

类型	编号	名称	产值	原材料费用	能源费用	公共设施费用	水费	污染控制费用	污染排放费用	维修费	税金	其他支出	净利润	
无/低费方案														
		小计												
中/高费方案														
		小计												
		总计												

制表＿＿＿＿＿＿＿　　　审核＿＿＿＿＿＿＿　　　第＿＿＿＿页　共＿＿＿＿页

工作表6-8　已实施清洁生产方案实施效果的核定与汇总

方案类型	方案编号	方案名称	实施时间	投资	运行费	经济效益	环境效果		
无/低费方案									
	小计								
中/高费方案									
	小计								
	合计								

制表＿＿＿＿＿＿　　　　审核＿＿＿＿＿＿　　　第＿＿＿页　　共＿＿＿页

工作表 6 – 9　审核前后企业各项单位产品指标对比表

单位产品指标	审核前	审核后	差值	国内先进水平	国外先进水平
单位产品原料消耗					
单位产品耗水					
单位产品耗煤					
单位产品耗能折标煤					
单位产品耗汽					
单位产品排水量					

制表_____　　审核_____　　第____页　共____页

工作表 7 – 1 清洁生产的组织机构建立计划

组织机构名称	
行政归属	
主要任务及职责	

工作表 7 - 2　持续清洁生产计划

计划分类	主要内容	开始时间	结束时间	负责部门
下一轮清洁生产审核工作计划				
本轮审核清洁生产方案的实施计划				
清洁生产新技术的研究与开发计划				
企业职工的清洁生产培训计划				

制表_____　　审核_____　　第_____页　共_____页

附录1-2　清洁生产审核检查清单（造纸行业）

1　漂白碱法化学制浆

（1）原辅材料的种类、数量？是否含有有毒有害物质？运输、储存、使用方式以及利用率？

（2）主导工艺的运行状况、各个环节的运行情况？

（3）单位产品的电耗、能耗和污染物产排量？

（4）废物的循环利用率、处理处置方式？

（5）主导设备的运行情况？

（6）是否具有健全的设备维护保养制度？执行情况如何？跑冒滴漏现象是否严重？职责是否明确到人？

（7）各生产岗位是否有现行有效的操作规程？是否建立了岗位责任制？执行情况如何？是否建立了奖惩制度？

（8）综合废水及污染物产生和排放浓度？年产生和排放废水量？废水处理工艺？

（9）废水污染物排放执行什么标准？共几级标准？

（10）车间内卫生情况如何？是否定期清扫地面和设备的积尘？

（11）员工操作技能、个人素质、环保意识如何？

（12）全员是否有定期的培训机会和清洁生产培训内容？

2　废纸制浆

（1）各原辅料进厂时化验的结果是否满足生产要求？

（2）废纸的分类是否明确？除杂情况如何？

（3）废纸堆场是否封闭储存？

（4）煤厂是否封闭？

（5）废纸散包采用何种方法？

（6）废纸除杂过程中废物的回收情况如何？

（7）废纸的传送过程中是否有除金属的装置？

（8）废纸的碎解采用何种设备？碎解工艺是否采用高浓碎解？

（9）废纸碎解后是否有高浓除渣设备？

（10）废纸的筛选是否采用压力封闭筛选？

（11）除渣、筛选后废渣的处理情况？

（12）胶黏物处理系统的处理效果如何？

（13）车间内卫生情况如何？是否建立奖惩制度？

（14）自动控制系统的监控是否正常？

（15）废水污染物排放采用什么样的标准？

（16）产品质量在国内处于什么水平？

（17）污泥的综合利用情况？

（18）水循环利用的程度如何？

（19）员工的操作技能、个人素质、环保意识如何？

（20）员工是否有定期培训的机会和清洁生产的教育？

附录1-3 造纸行业典型工艺典型清洁生产方案

1 典型输入及其清洁生产方案

1.1 典型物料输入及其清洁生产方案

1.1.1 典型物料输入介绍

制浆造纸工艺中的主要原料为木质纤维素类原料，如木材、草类原料、废纸等，通过化学方法（NaOH 等化学品蒸煮）或者机械方法（盘磨、螺旋挤压机等）或二者结合，并绝大部分去除（化学浆）或者少量去除（化学机械浆）其中的木质素成分，使原料中的纤维分散成浆，并进行漂白等处理，制成可以用来抄纸的纸浆，并最终抄造成纸制品。

1.1.2 典型物料输入问题分析

根据我国的国情，木材原料是紧缺资源，一方面希望能够使用草类原料或者废纸等进行替代，另一方面希望采用先进的制浆造纸技术，提高原料的使用效率，则可节约大量资源及能源消耗，同时减少污染物的排放。

1.1.3 清洁生产方案

1.1.3.1 深度脱木素及连续蒸煮技术

A 清洁生产方案介绍

深度脱木素及连续蒸煮技术，如改良的连续蒸煮（MCC）、延伸改良的连续蒸煮（EMCC）、等温连续蒸煮（ITC）、低固形物蒸煮（LSC）等。通过改变传统的蒸煮工艺条件或在漂白前进行某些处理，保证纸浆强度很少损失的情况下，提高脱木素率，使进入漂白车间的纸浆木素含量降低。深度脱木素技术，使纸浆能进行无元素氯（ECF）、全无氯（TCF）漂白，实现漂白废水的低污染，甚至零排放，因此，自 20 世纪 90 年代以来，深度脱木素技术得到了迅速发展。改进的连续蒸煮深度脱木素技术适合于所有的纤维原料，包括针叶木、阔叶木和草类原料。

B 清洁生产方案效果分析

（1）浆的质量提高。浆的质量提高标志着纸机效率及操作情况的改善，在不改变纸张质量的前提下，可增加阔叶浆的比例。

（2）纸浆强度提高，撕裂强度和抗张强度可提高 10% ~20%。

（3）环境的友好。由于在保证纸浆质量前提下能获得低卡伯值的优质纸浆，漂白剂用量大大减少，这样一来漂白车间的废水中 AOX、BOD、COD 及颜色的量就大大降低了。

1.1.3.2 化学热磨机械浆技术（CTMP）

A 清洁生产方案介绍

化学热磨机械浆技术（CTMP）是在热磨机械浆（TMP）技术基础上发展起来的，它是在 TMP 生产线前面增加一段化学处理，即为预热磨浆之前，经过汽蒸的木片利用化学药品进行短时间浸渍后，再按 TMP 的生产方法磨解成浆。

B　清洁生产方案效果分析

CTMP 技术制浆得率高，对原料的适应性强，通过设备的改进，生产流程的优化，能适应大多数的树种，成浆质量也不断提高，CTMP 制浆是无氯漂白，无硫或者少硫制浆。废水经厌氧、好氧两级生化处理后，吨浆的排水量为 15 ～ 20m^3，COD$_{Cr}$10 ～ 20kg，BOD$_5$ <1kg，不含硫化物，无 AOX 等有机卤素化合物。

1.2　典型能源使用及其清洁生产方案

1.2.1　典型能源使用介绍

制浆造纸工艺能源消耗主要包括水、电、蒸汽等。主要来源为两个部分：一部分为外购能源，如水、煤、天然气、外购电等；另一部分为自产能源，如自产电、自产汽等。我国造纸工业所消耗的能源以外购为主。

1.2.2　典型能源使用问题分析

我国造纸工业是能源消耗大户。不合理的原料结构和规模结构以及较低的技术装备水平，生产规模以及落后的管理水平，决定了我国造纸工业的能源消耗较高。就吨浆纸综合能耗来看，国际先进水平为 0.9 ～ 1.2t 标煤，我国除少数企业或者部分生产线达到国际先进水平外，大部分企业吨浆纸综合能耗与国际先进水平相比还有很大差距，说明我国造纸工业存在较大的节能降耗的空间。

1.2.3　清洁生产方案

1.2.3.1　间歇置换蒸煮技术

A　清洁生产方案介绍

间歇置换蒸煮技术的基本原理，即把原料（木片或竹片）送进间歇式反应器中，从槽区抽入的各种不同的液体经过反应器中的料片层，使原料最后变为纤维，接着纤维被排出反应器，为下一个间歇反应或"蒸煮"作好准备。槽区储存的不同液体的温度与化学药品的特性不同。在蒸煮周期的每一步骤中，原料在不同的化学品浓度之下，被加热或冷却进行蒸煮反应，以回收热量，实现冷喷放，降低能耗和减少废水污染。目前最新型 DDS^{TM}间歇置换蒸煮系统通过强大的槽区，控制蒸煮周期中不同阶段的蒸煮工艺条件，使得蒸煮工艺控制更为灵活。它实现了通常只有在连续蒸煮系统中才能实现的功能；通过在不同蒸煮阶段优化工艺参数，大大提高了所得蒸煮浆料的质量，并且系统的热量得到了充分利用，节能效果明显。总体来说，置换间歇式蒸煮系统也是制浆技术发展的一个重要方向。

B　清洁生产方案效果分析

DDS^{TM}置换间歇式蒸煮系统是间歇蒸煮技术的最新成果，相对于常规间歇式蒸煮系统，其具有较多的优越性：

（1）回用黑液中的热能。回用了前一蒸煮过程置换出来的黑液，使得黑液中的热能得以利用。

（2）节约更多的蒸汽消耗，DDS^{TM}置换蒸煮的蒸汽消耗为 0.75~0.9 t/t 浆，与传统间歇蒸煮相比可节省蒸汽 60%~75%，纸浆强度可提高 10%~20%。

（3）成浆卡伯值低，强度好，得率提高。可在相同的浆料硬度下能生产较高强度的纤维，或在浆料强度相同的情况下可获得硬度较低的浆料。对纤维的损伤小，在整个蒸煮期间蒸煮液碱的分布更均匀，有利于进行深度脱木素。

（4）浆料具有优良的漂白特性。可获得高强度、低卡伯值的浆料，漂白浆料白度高，强度好，漂白药品消耗低，污染少。

1.2.3.2 降膜蒸发器技术

A 清洁生产方案介绍

降膜蒸发器分为板式降膜蒸发器及管式降膜蒸发器。

板式降膜蒸发器主要由板片组、分配器、除沫器、壳体等组成。料液首先进入料液循环系统，通过循环泵，泵至加热器顶部分配器，并在板片上形成均匀液膜，依靠重力，液膜向下流动，流动过程中，吸收热量蒸发。浓缩液进入壳体底部液室，二次蒸汽经雾沫分离后排出。加热蒸汽经集汽箱，进入每张加热板片，并在板片内冷凝成水，最终由集液箱中排出。管式降膜蒸发器降膜蒸发器是原料液由加热管顶部加入，溶液在自身重力作用下沿管内壁呈膜状下流，并被蒸发浓缩。汽－液混合物由加热管底部进入分离室，经汽－液分离后的浓缩完成液由分离器的底部排出。为使溶液在管内壁均匀成膜，在每根加热管的顶部均安装液体布膜器。这两种蒸发器在碱回收蒸发工段广泛应用。板式降膜蒸发器具有较强的抗结垢能力，而管式降膜蒸发器具有强度高、换热管可更换等优点。

B 清洁生产方案效果分析

（1）板式降膜蒸发器加热板片特有的三维表面，促进液膜的湍流程度最大化，板面不易结垢，板面结垢部分可以自行剥落。所以，板式降膜蒸发器的传热系数高，清洗周期长，清洗方便。并且在同一容器中可以设置多组板片，分别使用不同的加热介质。经特殊设计，加热板片内部实现自汽提，实现冷凝水的清蚀分流。

（2）管式降膜蒸发器采用中心循环管设计，预热黑液，减少降膜区黑液过冷造成的不良影响；减少热量损失；降低了循环管路所需的压力，降低电耗。具有重力和二次汽拉膜的特性，具有较高的传热系数。而先进的布膜设计，确保黑液能够均匀地分布到所有的换热管，形成均匀一致的液膜。特殊设计的雾沫分离器，将二次汽的雾沫夹带降到最低。汽室结构的精心设计，以获得二次汽穿过雾沫分离器时的最佳的汽流。加热室壳程可采用自汽提设计，实现冷凝水的清浊分流。

2 典型工艺步骤及其清洁生产方案

2.1 废纸制浆生产工艺

2.1.1 典型工艺步骤介绍

根据原料、生产工艺和生产的产品特性不同，废纸制浆生产工艺分为不脱墨废纸制浆和脱墨废纸制浆。

脱墨制浆典型的生产流程，以办公废纸生产漂白脱墨废纸浆为例，生产流程如下：

办公废纸→高浓碎浆机→杂质分离机→高浓除渣器→粗选筛孔→粗选筛缝→挤浆机→揉搓机→浮选槽→正向除渣器→逆向除渣器→精筛→洗涤机→挤浆机→分散及揉搓→漂白→浮选槽→正向除渣器→洗浆机→浓缩机→还原漂白塔→漂白脱墨废纸浆

不脱墨废纸制浆生产流程，以 OCC 生产不脱墨废纸浆为例，生产流程如下：

OCC→水力碎浆机→杂质分离机→高浓除渣器→压力筛→中浓除渣器→纤维分级筛→低浓重质除渣器→压力筛→逆向轻质除渣器→盘式浓缩机→挤浆机→热分散机→废纸浆

上面的工艺流程比较复杂，因不同的废纸原料，生产产品不同及采用的生产设备不同，各企业因采用的原料及生产的产品会采用不同的工艺。概括起来，废纸制浆生产的主要过程包括以下主要步骤：碎浆、筛选及净化、洗涤和浓缩、脱墨、漂白等，废纸制浆各工段工艺过程物流图见附图1。

2.1.2 典型工艺步骤资源、能源及环境问题分析

在废纸制浆过程中，废纸及脱墨浆的筛选过程中使用的废纸，特别是进口废纸捆体积大、密度高、散解难度大；尤其是规模较大的废纸处理生产线，出现了大批量废纸散包、重渣筛除及废纸拣选分类问题；此外，伴随着废纸制浆过程中的废水不断循环使用，水中的有害物质逐渐积累，可达到很高的浓度，伴随带来了很多问题，如微生物生产问题，导致臭气产生，污染操作环境；无机盐的积累导致设备结垢及腐蚀；二次胶黏物的产生以及阴离子垃圾的增加。

废纸制浆产生最大的污染物是废水，因废纸的种类、来源、处理工艺、脱墨方法及废纸处理过程的技术装备情况不同，所排放的废水特性差异很大。废水主要来自废纸的碎浆、疏解，废纸的洗涤、筛选、净化、脱墨及漂白过程。废水中含有的污染物主要有：

总固体悬浮物：包括细小纤维、无机填料、涂料、油墨微粒及微量的胶体和塑料等。

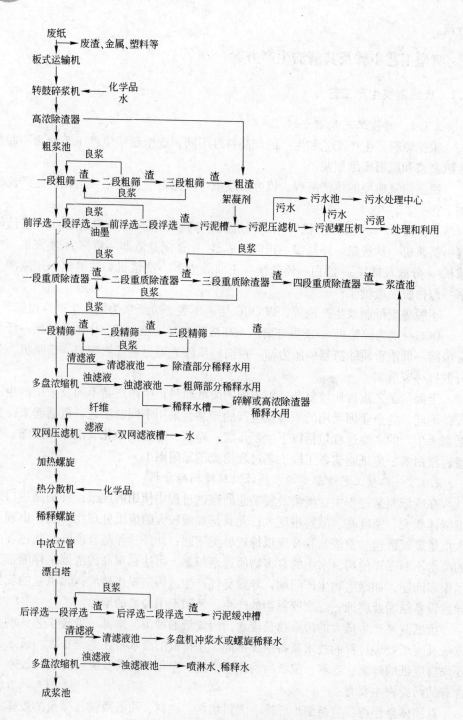

附图1　废纸制浆各工段工艺过程物流图

可生化降解有机物：主要是纤维素或半纤维素的降解物，或是淀粉等碳水化合物及蛋白质、胶黏剂等形成废水中的 BOD_5。

还原性物质：包括木素及衍生物和一些无机盐等形成 COD。

有色物质：由油墨、染料及木素等化合物形成废水的色度。

废水的污染负荷根据回收废纸的不同，其各级组成比例会改变。生产废纸浆用途不同和废纸制浆处理工艺的不同，其废水的污染负荷也不同。一般情况下，无脱墨工艺的废纸再生浆，其废水排放量及废水的 BOD、COD 排放负荷比脱墨工艺的废纸制浆要低得多。洗涤法脱墨由于其工艺特点决定了用水量远高于浮选法脱墨，废水的 COD、BOD、SS 排放总量比浮选法高。对于同种脱墨方式而言，用于生产漂白高档纸的脱墨浆的废水，其 COD、BOD、SS 及溶解性胶体物等污染物排放量要高于生产新闻纸用脱墨浆的废水。废纸制浆的排放量与多种因素有关，一般企业规模越大、工艺及设备越先进，吨浆的排水量也越低，生产高档纸的废纸浆比生产低档纸的排放量要高。目前我国废纸制浆企业以中小型企业居多，一些企业吨浆排水量高达 $100 \sim 200 m^3$，而国内一些现代化废纸制浆造纸企业吨浆排水量可少于 $10 m^3$。这也说明废纸制浆企业在降低污染排放方面大有潜力可挖，推行清洁生产有积极的意义。

废纸制浆产生的另一大污染物是固体废弃物——废渣。废渣主要来自废纸碎浆时分离出的砂石、金属、塑料等废物，以及净化、筛选、脱墨过程分离出的矿物涂料、油墨微粒、胶黏剂、塑料碎片等。另一来源是废水澄清及处理过程中产生的初级和二次污泥。固体废物的产生量与所用回收废纸的种类及再生纸或纸板的品种有关，生产 1 吨废纸再生纤维浆，一般可产生废渣 $100 \sim 300 kg$。

2.1.3　清洁生产方案

2.1.3.1　清洁生产方案介绍

针对如上废纸制浆造纸过程中的问题，可以分别分析对待，产生不同的清洁生产方案。

对于废纸备料过程中的问题，可以采用国产的废纸制浆的新型工艺设备——干式散包除渣机。主要适用于打包废纸的散包和干法状态下细小杂物的筛除，并为散包后废纸中较大杂物的去除提供开放条件。

对于废纸制浆过程中的废水，采用分级循环利用技术。废纸通常以 85% 左右的干度进入，经一系列处理后，最后以 3.5% ~4% 的浓度离开。其制浆生产的典型流程是浊滤液用于废纸的稀释和碎解，清滤液或者流程后部的滤液经过气浮处理后用于系统的喷淋洗涤和稀释。

2.1.3.2　清洁生产方案效果分析

（1）废纸散包干法筛选系统适用于废纸造纸制浆生产线及废纸拣选打包生产线。使用散包机不仅可以节能降耗，提高工效，还可以减少污水排放量，能够同时起到提高企业效益、环境效益和社会效益的作用。

1）节省人工及费用50%～60%；

2）提高拣选效率60%～70%；

3）重渣去除率达到90%以上使与浆接触部分的易损件寿命延长5倍以上；

4）碎浆机碎解效率可提高30%以上。

（2）废水经过分级循环利用处理，经过稀释，浓缩，通过对废纸浆生产中的工艺水的分级循环利用，可减少清水使用。

2.2　化学浆漂白工艺

2.2.1　典型工艺步骤介绍

化学浆漂白的主要目的是提高纸浆的白度和白度稳定性。改善纸浆的物理化学性质，提高纸浆的纯净度也是漂白的目的。漂白是通过化学品的作用除去浆中的残余木素或者改变木素发色基团的结构来实现的。

化学浆CEH漂白工艺。次氯酸盐漂液因其价廉，制备容易，使用方便，广泛用于化学浆的漂白。至今，CEH三段漂仍然是我国采用多段漂白的主要流程，即氯化、碱处理、次氯酸盐漂。

（1）氯化是将氯气在浆氯混合器中与未漂浆混合，然后进入氯化塔在酸性条件下反应，元素氯在漂白过程中不断提高纸浆白度。

（2）碱处理主要是除去木素和有色物质。在温和的碱处理条件下，对纤维无影响，半纤维素溶解也不多。

（3）经过氯化和碱处理后，大部分氯化木素已经溶解，剩下的部分需进行次氯酸盐补充漂白，进一步提高白度。

2.2.2　典型工艺步骤资源、能源及环境问题分析

现代化学浆的CEH三段漂白工艺对环境污染极大。漂白产生的大量污染物，如化学需氧量（COD），生物需氧量（BOD），可吸附有机卤化物（AOX）随漂白废水排出进入环境，大大增加了环境的污染负担。尤其在漂白废水中发现了毒性很强的致癌物质二噁英后，漂白废水对环境的影响的危害性更为人们所关注。漂白废水在数量上虽不大，但因有毒物质和难生化降解而处理困难。因此，2007年国家发改委颁布的《造纸产业发展政策》指出，禁止新上项目参与元素氯漂白工艺，现有企业的元素氯漂白工艺应逐步淘汰，转而采用无元素氯漂白工艺（ECF）和全无氯漂白工艺（TCF）。

2.2.3　清洁生产方案

2.2.3.1　氧脱木素（O）

A　清洁生产方案介绍

氧脱木素是处于蒸煮和漂白之间的一个工艺加工阶段，指在高温高压的条件

下，以镁盐为保护剂，利用氧气和碱对中浓度或高浓度纸浆进行单段或多段氧碱处理，以进一步除去残留在纸浆中的木素，是蒸煮的延续。目前，氧脱木素已经成为一种工业化的成熟技术，并已经成为先进漂白纸浆厂固有的预漂白段。采用该技术，可以除去未漂浆中 1/3~1/2 的残余木素，而不至于引起纤维强度的严重损失。而且废液中不含氯，可以用于粗浆洗涤且洗涤液可以送到碱回收系统处理。

传统蒸煮筛洗流程是将处理后的纸浆直接送去漂白工段。为减少漂白化学品消耗，降低漂白废水的排放量，现在新型流程都在筛洗工序后，再增加一道氧脱木素工序。

附图2是中浓氧脱木素的生产流程。粗浆经洗涤后加入 NaOH 或氧化白液，落入低压蒸汽混合器与蒸汽混合，然后用中浓浆泵送到高剪切中浓混合器，与氧均匀混合后进入反应器底部，在升流式反应器反应后喷放并洗涤。

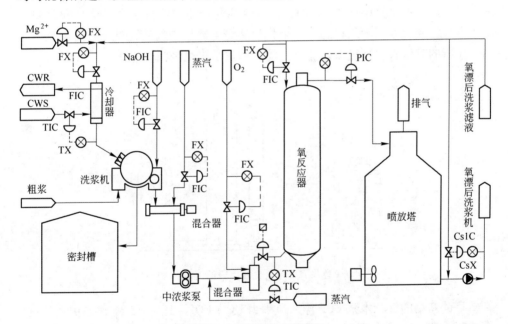

附图2　中浓氧脱木素流程

B　清洁生产方案效果分析

氧脱木素的优点是漂白费用低，水质污染小，纸浆返色小，可降低电耗，纸浆强度与传统的多段漂相当。氧脱木素作为蒸煮的继续及漂白的起始，脱木素率达到35%~50%，可以使蒸煮后纸浆的卡伯值降低50%左右。同时大大降低漂白段废水的污染负荷，包括 BOD、COD、AOX 和色度；同时通过改变氧脱木素的工艺条件，氧脱木素已能适应多种浆种的漂白，如硫酸盐木浆及苇浆、竹浆等非木浆的漂白。

2.2.3.2 无元素氯漂白工艺（ECF）

A 清洁生产方案介绍

二氧化氯是无元素氯漂白的基本漂剂。不同于元素氯，它具有很强的氧化能力，是一种高效的漂白剂。在漂白过程中能选择性地氧化木素和色素，而对纤维素没有或很少有损伤。漂后纸浆白度高，返黄少，浆的强度好。

ClO_2 不仅是一种优良的漂白剂，而且是对环境友好的一种漂白剂。在漂白过程中，ClO_2 与 Cl_2 都形成有机氯化物，Cl_2 倾向于与木素相结合，ClO_2 则使木素分裂，留下的有机氯化物是水溶性的，非常类似于自然环境中的原生化学物质。因此，ClO_2 漂白废水中的二噁英和呋喃等有害的有机氯化物含量非常少。这就促使逐渐用 ClO_2 来代替第一段的 Cl_2，以减少漂白废水对环境的危害。

附图3为二氧化氯漂段的设备和流程。由上一漂段来的浆经洗浆机洗涤，在洗浆机出口的碎浆器中加入 NaOH，然后落到混合器与蒸汽混合以提高和控制温度，由蒸汽混合器来的浆料通过一个化学品混合器与二氧化氯混合后由泵泵入漂白反应器的升流管，再进入降流塔，漂白后送洗涤机洗涤。

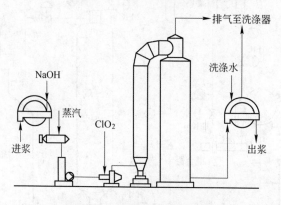

附图3 二氧化氯漂段的流程

目前新型的针叶木浆 ECF 漂白流程为 DO - EOP - D_1 - PO 或 Q - OP - D - PO 等流程，即在原来的 DEDD 标准流程中又引入氧和过氧化氢，以期减少二氧化氯用量。流程中 OP 称为强化过氧化氢处理段，PO 称为高温过氧化氢处理段，Q 则为螯合剂处理段。

含二氧化氯漂段的常规多段漂白。现代化的 ECF 漂白浆厂排放的 AOX（可吸附有机卤化物）已降至 $0.1 \sim 0.5 kg/t_浆$。由于 ECF 漂白的纸浆白度高、强度好，对环境的影响小，成本又相对较低，1990 年以来，ECF 漂白得到迅速发展。常见的 ECF 漂白流程有多种，附图4为硫酸盐浆典型的含二氧化氯常规漂白流程示意图。

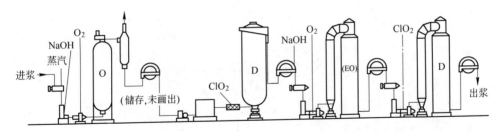

附图 4　硫酸盐浆 OD（EO）D 漂白流程

B　清洁生产方案效果分析

减少氯的使用量使未漂木浆卡伯值从 35 降到 20 时，漂白每吨风干浆可产生 COD 从约 70kg 下降到 40kg，降低约 42%。现代化的 ECF 漂白浆厂排放的 AOX（可吸附有机卤化物）已降至 $0.1 \sim 0.5kg/t_浆$。

2.2.3.3　全无氯漂白工艺（TCF）

由于环境保护要求越来越严格，对高白度漂白化学浆要求也越来越高，特别是用于生产食品包装纸或纸板（如茶叶袋纸、咖啡过滤纸、卷烟纸）的漂白化学浆，要求不准含有有机氯化物。为此，发展了以过氧化氢漂白为代表的无氯漂白技术，如过氧化氢漂白技术、臭氧漂白技术、过氧酸漂白技术和生物漂白技术等，由无氯漂白技术组合形成的漂白流程即为全无氯漂白技术（ECF）。全无氯漂白技术的优点是漂白废水中不含有机氯化物，废水可以循环使用，并可进入碱回收系统燃烧回收，从而减少或消除了漂白废水的污染，有望实现漂白硫酸盐浆厂的零排放。

A　清洁生产方案介绍

过氧化氢漂（P）。过氧化氢既能减少或消除木素的发色基团，也能碎解木素使其溶出，是理想的清洁漂白剂。中浓纸浆过氧化氢漂白（P），已成为纸浆清洁漂白的重要组成部分。

附图 5 为中浓 H_2O_2 单段漂白流程。浆料在送往浓缩机前，在浆池用螯合稳定剂二乙烯三胺五乙酸（DTPA）处理 15min，处理温度 $40 \sim 54℃$。预处理后浆料经浓缩机洗涤并脱水，送至混合器，与漂液和蒸汽混合，然后进入漂白塔，反应时间 2h 或更长一些。大部分工厂 H_2O_2 漂白后用 H_2SO_4 或 SO_2 调节 pH 值（酸化），以防纸浆返黄。

为了增强过氧化氢的脱木素和漂白作用，目前有许多工厂采用强化过氧化氢漂白，即在较高的温度下用氧加压的过氧化氢漂白，简称 PO 漂白。PO 漂白结合了氧漂和过氧化氢漂白的优点，明显改善了漂白效果。

B　清洁生产方案效果分析

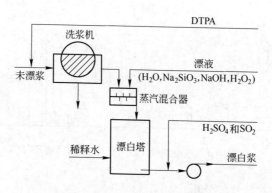

附图5　中浓 H_2O_2 单段漂白流程

H_2O_2 漂白是一个较成熟的技术，它具有投资成本低，不产生 AOX，环境友好，容易操作（常压）等特点，特别适用于非木浆的漂白。

2.3　造纸白水循环回用

2.3.1　典型工艺步骤介绍

目前，造纸过程中水污染物减排最有效的方式就是减少用水量和回用白水。造纸白水即抄纸工段废水，它来源于造纸车间纸张抄造过程。造纸厂排放白水量最大，可循环利用的潜力也最大，因此造纸厂减少清水用量的关键就是白水循环。白水中主要含有细小纤维、填料、涂料和溶解了的木材成分，以及添加的胶料、湿强剂、防腐剂等，以不溶性 COD 为主，可生化性较低，其加入的防腐剂有一定的毒性。白水水量较大，但其所含的有机污染负荷远远低于蒸煮黑液和中段废水。

从纸机中不同部位脱出的白水按照悬浮物含量的不同可分为浓白水和稀白水。以长网纸机为例，其网下白水的悬浮物浓度最高，所含纤维中的细小纤维为上网浆料的 1.5~2.0 倍。真空部位脱出的白水悬浮物浓度次之，所含纤维中的细小纤维组分含量约为上网浆料中含量的 3 倍，而伏辊部位脱出的白水悬浮物浓度更小，由此可见网部白水的浓度随着纸页的成型而逐渐降低。

对于不同浓度白水有不同的处理和回收方法，通常网下白水可不经处理，直接循环至混浆箱，称作短循环或一级循环。而洗网和压榨部等排出的白水，进入白水塔通过溢流的方式进入白水回收装置，处理后回用于纸机或其他工段，可称之为二级循环。二级循环系统来的废水和抄纸车间其他部位废水混合在一起，经处理后部分白水回用于车间，称之为三级循环，通常也可将二级循环和三级循环都称为长循环。白水长循环是白水能否得到有效回用的关键。常见的白水循环方式如附图6所示。附图7是国内某新闻纸机的白水回用流程。

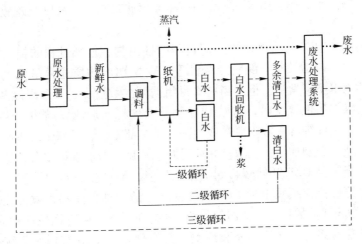

附图 6　常见白水循环方式

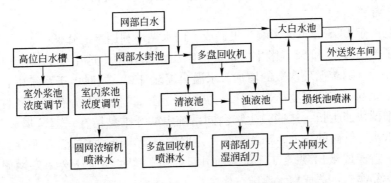

附图 7　国内某新闻纸机的白水回用流程

目前，在我国的造纸过程中，几乎所有的造纸厂造纸车间都采用了部分或全封闭系统以降低造纸耗水量，节约动力消耗，提高白水回用率，减少多余白水排放，但与发达的造纸工业国家还有很大的差距。

2.3.2　典型工艺步骤资源、能源及环境问题分析

造纸白水的循环与封闭，是减少造纸废水排放的关键，而白水是否能够得到有效循环与封闭，关键在于处理后白水水质能否达到用水水质要求，这也是人们在不断追求的目标。白水之所以不能够长时间封闭循环，主要是由于白水中所含物质造成的不利影响，通常白水所含不利物质主要是 SS 和 DCS 以及微生物。

SS 物质颗粒太大，难以达到循环利用的水质要求，通常需要采用圆盘过滤、气浮、沉降等方法处理后，回收流失纤维，减少 SS 含量。

白水在经去除 SS 后，还存在尺寸较小的胶体和溶解物（统称为 DCS）。这些

DCS 也会影响白水循环利用率，主要对磨木浆纸张、高级纸张以及硫酸盐浆纸张影响较大。

这几类纸种 DCS 物质来源于制浆过程的抽出物、抄纸过程的损失，以及各种化学添加剂，包括填料、颜料、涂料等。这些 DCS 物质通常呈负电荷，在稳定的湿部环境下不会絮凝。但是当白水封闭循环次数过多，导致温度和 pH 值改变，或者当操作条件改变时，这些 DCS 物质会失稳而形成胶黏物。这些胶黏物会与填料、细小纤维等一起附着在成型网、压榨部毛毯、压榨辊或烘缸表面，造成过滤能力减小，增加清洗次数，并使得脱水不良，增加湿纸水分，造成干燥部负荷增大。当部分 DCS 开始转移到纸张上去时，会产生斑点、孔洞，引起纸页断头，而最终保留在纸页上的 DCS 会降低纸张的物理性能和光学性能，其中胶体物 CS 会降低纸页的强度，而溶解物质 CS 会降低纸页的表面性能和光学性能。此外，DCS 还对系统荷电产生不良影响，其机理是当 DCS 在白水系统中不断累积时，会破坏系统的电荷平衡，使得呈正电荷的阳离子助剂优先被吸附在 DCS 上，而不是纤维上，就会增加这些聚合物的使用量，通常 DCS 会发生在抄纸系统中以下部位。

正是由于 DCS 的不良影响，也造成了白水循环利用率的降低。

除了控制 DCS 和 SS，微生物也会影响白水循环率，这主要是由于白水系统封闭循环后，随着循环次数的增加，水温会逐渐升高，同时由于系统中含有很多淀粉、施胶剂等富营养物质，这样就为微生物增长提供了十分有利的条件，易使霉菌和细菌快速生长，这些微生物会同系统中的纤维黏结在一起，形成胶黏物，附着在纸机、管路的表面，当积累到一定厚度，受水流冲击或自动脱落，会掉入纸浆中，造成成纸出现斑点、孔洞，引起纸病，这些物质还会堵塞网眼，使浆料、化学品腐败，造成白水腐败，影响白水循环率。

2.3.3　清洁生产方案

2.3.3.1　圆盘过滤机处理系统

A　清洁生产方案

圆盘过滤机是利用滤液水腿管产生的真空作为过滤推动力。各纸厂圆盘过滤机回收白水的工艺有所区别，典型的圆盘过滤机回收白水工艺流程如附图 8 所示。将需处理的白水用白水泵送入压力式混合箱，同时也用浆泵把垫层浆计量送入压力混合箱，经混合箱将垫层浆与白水充分混合后进入多圆盘，随着多圆盘的旋转经过不同的过滤区而分别产生浊滤液、清滤液和超清滤液。白水回收过程中将部分清滤液用于多圆盘的剥浆和洗网后，大部分进入浊白水系统，浊白水用于稀释回收的浆料后所剩余的滤液又重新返回到多圆盘进行循环回收。

B　清洁生产方案效果分析

该技术具有占地面积较少、处理量大、操作简单，处理后的白水固含量低、

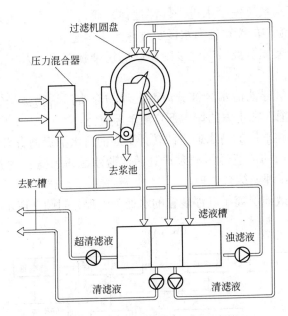

附图 8 圆盘过滤机回收白水流程

自动化程度高等优点。

原白水浓度 300~600mg/L，经过滤后的清白水浓度小于 100mg/L，超清白水浓度小于 30mg/L；浊、清、超清白水的分配比例（对通过多圆盘过滤的白水）浊白水 25%~30%，清白水 50%~60%，超清白水 15%~20%。经圆盘过滤机过滤后的清白水和超清白水可代替部分清水而得到利用。

2.3.3.2 超效浅层气浮技术

A 清洁生产方案

超效浅层气浮是我国目前应用比较广泛的白水处理技术，CQJ 超效浅层离子气浮装置是其中具有代表性的产品。CQJ 型超效浅层离子气浮是集絮凝、气浮、撇渣、刮泥于一体的气浮装置，运用了"浅池理论"及"零速原理"进行设计，强制布水，进出水都是静态的，微气泡与絮粒的黏附发生在包括接触区在内的整个气浮分离过程，浮渣瞬时排出，水体扰动小。

CQJ 具体的工艺流程如下：

（1）污水经地沟自流至集水池，使水质、水量均衡；

（2）由污水提升泵提升至浅层气浮池；

（3）浅层气浮进入管口加入 PAC、PAM，经气浮池底部混合管充分混合，紧接着与溶气系统产生的部分带正电荷的微小气泡混合，使微小气泡与絮凝体、废水中的污染物进行吸附，桥联进入气浮布水系统；

（4）通过布水系统使废水进入气浮池体，通过气浮的布水系统及无级调速装置使进入气浮池内的废水在布水区及气浮区达零速度；

（5）聚凝的絮体及被微气泡吸附桥联的污染物在浮力及零速度的作用下迅速进行固液分离；

（6）在浅层气浮池清水区被分离而上浮的浮渣污染物被带螺旋的撇泥勺捞走，自流至污泥桶，在重力的作用下自流至浮渣池；

（7）被分离在下层的清水通过回转桶下面的清水抽提槽管自流至清水池；

（8）浮渣池内的浮渣经污泥泵送到污泥脱水系统，滤液由地沟排至集水均调池，干泥外运填埋或综合处理。

采用 CQJ 超效浅层离子气浮装置的水处理流程如附图9所示。

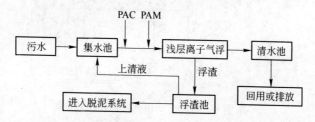

附图9　CQJ 超效浅层离子气浮的水处理流程图

B　清洁生产方案效果分析

经过 CQJ 超效浅层离子气浮装置处理的白水，出渣固含量高，悬浮物去除率可达99.5%以上，COD 去除率可达到65%～90%，色度去除率可达到70%～95%。对每吨纸而言，可以回收50～100t 水循环再用。

3　典型输出及其清洁生产方案

3.1　主导产品及其清洁生产方案

3.1.1　主导产品介绍及分析

造纸行业主导产品为纸浆、纸张（含特种纸），纸板等。产品的质量和数量以及企业的规模和技术的先进程度影响行业的能耗、物耗水平。

3.1.2　产品更新与升级类清洁生产方案

加工纸是由原纸经加工制成的纸的总称，是根据需要，对原纸进行某种方式加工，使其具有某些新的性能的纸种。加工用原纸除具备一般纸的基本质量，如表面平整、无折纹裂口，无尘埃硬块、有一定的强度外，还要具备加工方法所需要的特性：（1）仍保有原纸的本体特性，如机械压光的餐巾纸、包装衬纸。（2）提高了原纸的使用质量，增加了原纸使用价值。如低定量涂布新闻纸，涂布层改善了原纸的不透印性能，从而节约用浆量，改善印刷效果。（3）原纸具有全新的用途，如以不同的涂布方法生产的热敏感纸、光敏感纸、压敏感纸等。（4）纸的纤维发生化学变化，不复存在原纸所具有的常规性能，从而使原纸特性改变，成为变性纸，如羊皮化纸、钢纸。

按加工方法的不同，可分为涂布加工、浸渍吸收、变性加工、复合加工、机械压型和真空镀膜等。

（1）涂布加工。在原纸表面，涂布颜料、树脂或其他特殊物质加工而成。涂布的目的是改善纸的表面性能，提高其强度、耐水性、耐油性和提高防光、防射线、防锈等功能。

（2）浸渍加工。将原纸浸入浸渍槽，吸收某种浸渍剂（树脂、油类、蜡质或沥青质物质）。浸渍剂赋予原纸新的特性，从而改进了原纸的使用质量。加工时，用热风或烘缸干燥，使浸渍剂固化。有的纸浸渍石蜡、沥青等只需加以冷却即可，如油毡纸、食品包装用蜡纸、机械零件包装用中性纸等。

（3）变性加工。原纸的植物纤维，在反应槽中与药剂接触并起一定化学作用和物理变化，发生膨润、降解、胶化等作用，从而改变了原纸的原有特性，成为变性加工纸，适用于新的用途。例如，原纸在酸处理槽中进行羊皮化，纤维降解并起改性作用。经压榨脱去残余酸并经水洗，使纸呈中性，成为不同质量等级的植物羊皮纸，供食品包装用、制作打孔电报条等产品；原纸经氯化锌处理变性后，洗去残液至中性，成为不同质量等级的钢纸，具有较高的挺度和强度，可供制作旅行提箱、帽沿衬纸、变压器密封垫片、电机线槽中绝缘材料等。

（4）复合加工。在原纸的一面或双面用另一种纸或其他材料薄膜进行黏合或熔合而成。复合层增加了原纸的强度、平滑度，形成防潮、防油层或密封层，具有新的使用性能。如塑料复合纸，由挤塑模头挤出的薄膜，用加压辊、层黏辊使原纸与薄膜相复合。印有木纹的复合纸可作家具贴面用，美观而又可增加家具表面强度，具有防水耐油能力；也可作墙壁、地板贴面用。纸与铝箔的复合纸，大量用于卷烟防潮包装。

（5）机械压型。多以刻花的阴阳模辊对纸层进行模压，形成图案或花纹的纸。这种纸改进了原纸的外观，增强了艺术感。用于制作装饰纸、壁纸及用作精细商品和食品包装的衬垫。

（6）真空镀膜。将低熔点金属在真空室加热蒸发，雾点在纸面冷凝成膜。如喷镀锌铝合金膜于电容器纸面上，用作干电解电容阴极引出用纸。

3.2 主要污染物及其清洁生产方案

3.2.1 主要污染物特性分析

黑液是植物纤维原料在蒸煮成浆后，从纸浆中分离出被蒸煮药液溶解出来的木素和糖类等有机化合物的碱性溶液及残余的蒸煮液。黑液中主要成分为碱（或者盐类）、木质素、纤维素和半纤维素。

白泥是碱回收在回收火碱的同时产生的一种危害相对较小的碱性二次污染物，是由石灰通过苛化转变而成的半干状固体废弃物，其主要成分是碳酸钙。目前全国的造纸企业每年产生白泥约 150 万吨，而绝大多数企业对待白泥还是采取外运填埋或直接排放掉。不仅浪费资源，同时造成环境严重污染。

3.2.2　主要污染物现场回用类清洁生产方案

（1）黑液碱回收。将制浆黑液经化工过程处理，以回收化学品和热能，再供制浆生产使用的过程，简称碱回收。目前，制浆厂的黑液处理主要是先通过蒸发浓缩黑液，然后把浓缩黑液送到燃烧炉进行燃烧，以回收黑液中的碱和热能，即传统燃烧法碱回收。碱回收技术是目前国际上碱法制浆废液的成熟、可行措施，不但可回收大量宝贵资源和能源，当黑液回收率达到 97% ~ 98% 时，可减少废液污染 95% 以上。

从黑液提取工段送来的黑液称为稀黑液，其固形物浓度：木浆黑液为 14% ~ 18%，草浆黑液为 8% ~ 13%。而亚硫酸镁盐苇浆红液一般为 10% ~ 12%。要在燃烧炉中进行燃烧，木浆黑液浓度至少应达到 55% 以上，草浆黑液浓度应达到 48% 以上。

废液蒸发过去一般采用间接蒸发和直接蒸发两种方法相结合的方式进行，但对于硫酸盐法蒸煮黑液，在直接蒸发过程中会造成大气污染，因此国内外黑液碱回收系统基本不再采用直接蒸发。

传统燃烧法碱回收基本工艺流程如附图 10 所示，包括黑液蒸发、黑液燃烧、绿液苛化、石灰回收等主要过程。

（2）白泥的处理。白泥主要的处理方法有两种：

一是煅烧。在日本及欧美等发达国家，造纸以纯木浆为主，白泥可以采用直接煅烧的方法制备石灰来回收，只是采用的专用燃烧炉构造特殊，造价昂贵且用白泥烧制石灰的成本也高于一般的石灰石，一般情况下是普通石灰石售价的 2 ~ 3 倍。我国尚有部分非木浆造纸企业，白泥煅烧还存在以下问题：1）煅烧成本过高，而且品质不易保证；2）白泥中的硅酸盐具有腐蚀性，在高温煅烧时经常腐蚀石灰窑壁，所以由于成本及技术等原因煅烧法不适合在国内进行推广。

二是制备造纸填料碳酸钙。由于草浆白泥中硅含量较高（一般在 10% 左右）以及钠碱盐的存在，其回收并不能像纯木浆白泥可以煅烧成石灰返回到消化器直接回用。苛化白泥的可行处理方法是水洗法。水洗法是将苛化工段排出的白泥经过数道水洗、碳酸化处理及过滤工序除去其中的大部分杂质和残碱制备成可供造纸应用的填料。目前，回收填料碳酸钙粒度的控制和纯度的提高是制约白泥回收的关键。

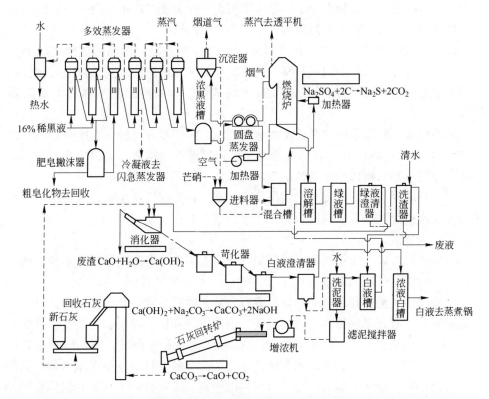

附图 10　黑液燃烧法回收工艺流程简图

3.2.3　主要污染物最佳可行污染控制技术

（1）麦草蒸煮同步除硅降黏技术。硅含量是麦草浆黑液黏度高的一个重要原因。在蒸煮高温高压及一定反应时间的条件下，稻麦草原料中溶出的 SiO_2，与 Al_2O_3 生成一种硅铝不溶物，附着在浆料上，从黑液中分离出来，从而降低黑液黏度。

（2）黑液热裂解降黏技术。根据已有的经验，麦草浆黑液的浓度超过 40% 后，由于黏度的迅速升高，蒸发就困难，即使采用先进的板式降膜蒸发器，出蒸发站浓黑液浓度的设计值最高只有 45%。经圆盘蒸发器后黑液入炉浓度也不超过 50%，在碱回收炉内需要大量的热能来蒸发黑液水分，而草浆黑液固形物的发热值低，不容易维持炉膛下部较高的温度，造成碱回收炉操作困难，甚至需要重油助燃。这些都要求尽可能提高入炉黑液的浓度。

影响提高草浆黑液浓度的最重要因素是黑液的黏度。黏度太高，黑液流送困难，蒸发效率低，蒸发器易结垢，甚至可能会堵塞管道、泵或黑液喷枪，通常能泵送黑液度最高 500mPa·s（实际控制在 400mPa·s）。黑液黏度主要由黑液中长分子链间的相互交织和大分子摩擦作用决定，如果能降解这些大分子，使长分子链被打断，大分子减小，黑液的黏度就会显著降低。

（3）黑液蒸发浓缩技术。黑液蒸发工段的任务是尽量提高去碱回收炉的黑液浓度，以提高碱回收炉的热效率。目前新型蒸发器出站的木浆黑液浓度已普遍达到75%。随着黑液结晶蒸发等新技术的应用，蒸发器出液浓度已可提高到76%～84%。

碱回收系统的废水排放主要是在蒸发工段。用于蒸发工段表面冷凝器的冷却用水量约为 $60\sim80m^3/t_浆$。这些热冷却水作为废水直接排放，是很大的浪费，应该经冷却塔冷却后再回用于其他部门。

二次汽冷凝后的污冷凝水，污染负荷很高。新型蒸发系统都设有汽提塔，将重污冷凝水排至汽提塔，汽提后的冷凝水再送去苛化工段加以利用，可使外排污染负荷大大降低。

蒸发过程可以采用不同的蒸发器组合，以克服单一型蒸发器适应面窄，各方面性能不能统筹兼顾的缺陷。

常用的多种蒸发器组合的蒸发方案有，草浆两板三管组合五效蒸发流程，短管自然循环－管式降膜组合式蒸发流程，由蒸发器和增浓器组成的蒸发器系统。

（4）黑液燃烧新技术。黑液的燃烧是碱回收的关键环节，碱回收炉是碱回收系统的心脏。碱回收炉的结构和运行是至关重要的。目前，由于碱法制浆造纸厂对动力的需要量越来越大，为了取得热电平衡，碱回收炉不断提高过热蒸汽参数和燃烧黑液浓度。同时，为了安全生产和符合环境保护的要求还趋向发展现代化的单汽包低臭型碱回收炉。

（5）白泥分离回收新工艺。附图11所示的一种白泥回收新工艺，包括以下工序：配料、一次除杂、清洗、碳酸化、二次除杂、研磨、三次除杂、储存；其中的一次除杂、二次除杂、三次除杂是离心分离，所述的离心分离采用旋分离器。

原料　→　配料　→　离心除杂　→　清洗　→　碳酸化　→　离心除杂　→　研磨　→　离心除杂　→　储存

附图11　一种白泥回收新工艺

将原料白泥进行配料，即将白泥与水混合，充分搅拌，制成悬浊液后，放进旋分离器进行离心分离除杂，入清洗罐清洗。白泥浆液在清洗罐中经过加水进行搅拌，然后沉淀，再放水，而后加水循环，其pH值下降。洗涤后的白泥浆料泵入碳酸化罐，并加入 CO_2 气体进行碳酸化处理，碳酸化时间依pH值确定。当pH值符合要求时，白泥再进入旋分离器进行离心除杂，并存入储罐，则成为初级白泥。然后将初级白泥原料泵入特制的砂磨机进行研磨，经过研磨后，白泥物

料的粒径为 $4 \sim 8 \mu m$。然后再进入旋分离器进行离心除杂，即为成品。

本工艺具有以下效果：1）可以完全克服利用筛网的一切缺点，杂质的去除不受限制和制约；2）产品的粒度和白度比利用筛网除杂提高 20%；3）降低成本，节约费用，省工省时；4）降低了尘埃数量，使工作环境更加洁净。

（6）均整解絮法白泥精制填料碳酸钙新工艺。针对白泥主要成分是碳酸钙（占 85% 左右），少量的硅酸钙（占 10% 左右）和微量的其他物质，硅酸钙与碳酸钙的密度等物理、化学性能都非常相似，要用机械分离很困难，这是无法将白泥精制成商品碳酸钙的一个原因，而对硅酸钙基本没有过高要求的造纸行业，开发作填料是完全可行的。只要加强控制了碱回收苛化工序中苛化过量石灰小于 5%，白泥残余的氧化钙小于 1.0%，对于白泥碳酸化调节 pH 值就不是一个主要问题，只需辅助碳化即可达到要求。关键是要对白泥均整解絮使碳酸钙颗粒在某一范围，能满足造纸加填需求即可。因此，在洗涤、过筛除杂、碳酸化处理、研磨等传统工序回收碳酸钙基础上，采用一种白泥精制碳酸钙新工艺，其主要特征是均整解絮加辅助碳化一步完成，能使白泥精制的碳酸钙，颗粒粒径、形状及 pH 值满足造纸湿部加填工艺的要求。

技术的工艺流程如附图 12 所示，该工艺包括备料、澄清洗涤、粗筛、均整解絮和碳化、精筛和成品储存。该技术在结合传统白泥回收碳酸钙工艺的基础上将均整解絮和碳化一步完成，其生产流程简单，工艺控制灵活，尤其是关键指标沉降体积可根据需求调整。

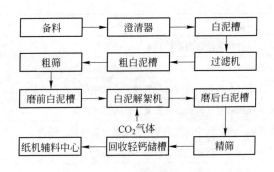

附图 12　白泥精制碳酸钙新工艺

4　制浆造纸企业清洁生产方案

4.1　通用清洁生产方案

方案归属	方案简介
技术改革	干湿法备料 连续蒸煮、置换蒸煮、无元素氯漂白或全无氯漂白、新型助剂

续表

方案归属	方案简介
操作与设备改进	采用高效低耗设备 保证设备定期检修，保持设备正常运行计算机操作控制和设备控制减少跑冒滴漏
工艺过程优化	无污染、低污染漂白工艺 碱回收工艺 蒸煮同步除硅工艺 开发废液综合利用、资源回收新工艺
强化管理	建立环境管理体系 定期进行清洁生产审计 制定环境目标责任奖惩制度 定期检查制度落实情况，及时奖励和惩罚
厂内再用和再循环	所有将要排放的水、气、渣均根据清污分流的原则；充分利用废汽、废热水的余热再利用；冷却水、清冷凝液循环；污冷凝液汽提洗浆和白泥回收 纸机和筛浆剩余水的封闭循环或用于其他各级浆渣用于制不同档次的纸，厌氧处理回收沼气
职工素质和环保意识提高	加强有关环境法令法规及科学知识的宣传，定期举行各类岗位培训和考核，与绩效挂钩制定相应激励制度，鼓励职工的参与、树立危机意识

4.2　漂白碱法化学浆生产分工序清洁生产方案

方案归属	方案简介
原料	强化原料收购质量管理。控制水分、杂质等
	加强原料储存管理。保持清洁，减少储存腐烂
	加强原辅材料和备品备件储存管理。合理储存，保证质量，提高生产效率
备料	采用干湿法备料，提高蒸煮质量，改善黑液质量
	提高原料干度。便于碱液的浸入，提高粗浆质量
	改进除尘设备。降低消耗，改善工作环境
	除尘由清水改用废水，节约用水
蒸煮	增大生产规模，采用连续蒸煮设备
	置换蒸煮
	非木浆蒸煮降低用碱量，提高蒸煮粗浆卡伯值，采用氧脱木素进一步去除木素，降低卡伯值
	加强有效测定控制碱液浓度。保证蒸煮质量和控制温度
	蒸煮终了，纸浆采用冷喷放，可减少废蒸汽的空气污染
	将碱液预热器加长或改为双程。可提高碱液温度，便于蒸煮，充分发挥预热效果

续表

方案归属	方案简介
蒸煮	加强蒸煮工艺操作管理,稳定质量,降低消耗
	改进蒸煮供汽条件。专炉供汽,稳定汽压,保证蒸煮温度,缩短时间,提高效率,减少废物排放量
	改进优化蒸煮工艺条件。调整工艺条件,稳定蒸煮质量,降低消耗,减少废物排放量
	缩短蒸煮时间。加蒸煮助剂,保护纤维
	蒸煮废热蒸汽回收利用。回收热量和纤维,节汽降耗
蒸煮/黑液	白泥回收循环利用,消除二次污染
	充分利用稀黑液来稀释浆料。可减少清水用量,提高黑液利用率
	利用黑液,生产黏合剂和复合肥料
	黑液循环利用,老系统黑液用于新系统蒸煮
	碱回收。减轻污染排放量,彻底根治黑液,回收化学品,进行二次利用
	使用先进除硅工艺。减少黑液中硅杂质含量
	提高黑液提取率和提取浓度,降低用水量,减少污染排放量
洗浆	提高浆的洗净度,加强漂白机内和侧压洗浆净度指标控制
	采用多段逆流洗涤
	采用全封闭热筛选系统
	控制和回收溢流水以减少水用量
	筛选浆渣、中段水处理回收纤维利用
	稳定筛浆机浆量和浓度,提高筛选浆质量
	回收粗浆渣,提高纤维利用率,减少排污量
漂白	改进蒸煮工艺,提高蒸煮脱木素程度,减少漂白剂的用量
	蒸煮后纸浆进行氧脱木素,可以降低纸浆的卡伯值提高漂浆和漂液浓度,提高白度,降低能耗
	用 ClO_2 取代元素氯漂白
	用 H_2O_2 和臭氧进行漂白
	漂白废水循环使用,以减少废水排放量
	加强纸浆的洗涤,采用抄浆车间的多余白水
造纸	纸机上毛布使用聚酯成型网。浆料脱水好,降低物耗
	纸机烘缸端盖全部保温
	回收白水中纤维,提高纤维利用率,减少污染排放量
	提高白水回用率,节约用水量,减少污染排放量

续表

方案归属	方 案 简 介
造 纸	将纸机冷凝水回用，节水，减少污染排放量
	完善微机控制浆料浓度设施。稳定浆料浓度，减少质量波动，降低消耗，提高效益
	稳定纸张的定量和水分。在纸机卷取后部，安装纸页定量、水分在线监测设备
	纸机采用高压水洗网、洗毛布。节约用水，提高水的循环利用率
	改进加填工艺，提高纸张填料留着率，降低浆耗，提高效益
	纸机烘干部多段通汽
	纸机烘干部热回收
	增加造纸助剂提高纸张强度
管 理	对职工进行岗位技术培训，提高职工业务素质
	加强现场管理完善操作规程。完善考核机制，加强工艺纪律检查，提高责任心
	加强设备的维护保养，提高设备利用率
	严格生产调度和操作管理，避免设备空运转
	增设生产自动控制仪器，加强计量管理，提高产品得率，节能降耗，减少废物排放
	调整管线布局。调整浆、水、汽、电等管线布局，以节约资源
	落实岗位责任制。修改完善各种指标的考核，加大奖罚力度
	建立生产车间承包新机制。工效挂钩、单独核算、全奖全赔
	严格青工岗前培训，提高青工操作技能
	严格执行工艺规章，制定奖惩措施
	开展合理化建议活动
	加强用电管理。节约电耗
	加强浆、水、电、汽的计量及检测
	严格各种辅料加入量及程序。降耗，提高质量
	杜绝浆料溢漏，减少跑冒滴漏，降低成本

4.3 废纸制浆生产清洁生产方案

方案归属	方 案 简 介
原辅材料和能源替代	加强废纸的分类，采用优质废纸原料。严格废纸的分类和分选，提高废纸的质量
	选用高效脱墨剂。提高脱墨效率
	采用原料仓库储存。避免原料的风吹雨淋和暴晒，提高废纸的质量，减少对周围环境的污染
	采用圆形煤厂。减少对周围环境的污染，减少煤的损失

续表

方案归属	方　案　简　介
工艺技术	采用高浓碎浆技术。将碎浆浓度提高，提高碎浆效率，降低能耗
	筛选工艺的优化。浮选前的粗筛采用两组四段，浮选后的精筛采用三段缝筛
	除渣系统采用高浓和低浓的组合。将高浓除渣器作为第一段，低浓除渣器作为第二段
	采用多级浮选技术。在前浮选和后浮选都采用多级浮选，能够提高纤维的洁净度
	采用氧化加还原的漂白技术。一般采用过氧化氢和 FAS（或者保险粉）的组合，提高漂白效果
	采用水的循环回用技术。将多余的水就近回用或者循环，提高水的利用率
	采用胶黏物控制技术。采用化学法或者生物法控制胶黏物
	采用废水的深度处理技术。在传统的生化二级处理的基础上，增加吸附、生物膜、Fenton 强氧化处理等
	利用厌氧处理中产生的沼气。利用沼气加热水或者燃烧产生热量
	优化管路系统和装备
设　备	采用干法废纸散包系统。打开废纸包和筛选废纸，提高杂质去除效率
	采用转滚式碎浆机。提高碎浆效率，降低胶黏物含量
过程控制	采用自动控制系统。包括压力、温度、液位、浓度、流量、pH 值、COD 和 BOD 的检测
	减少部分工段车间照明用灯数量。减少照明用灯的数量和瓦数，更换为节能灯系列
	加强公共场所的用电管理。合理安装灯的开关，尽量少用多灯一开关
废　物	回用后浮选墨渣。将后浮选的墨渣送至前浮选第二段中
	回收污泥。对产生的污泥妥善处理，如可用做纸板的填料，经处理后做花肥等
	回用化验站化验后样品。成浆分析、化验完后样品全部直接倒入浆池，节约浆和水
	回收利用废纸中的金属、塑料等物品。废纸中的金属、塑料一般都可回收，可卖给废品站做进一步处理
	分类回收利用废旧金属及有回收价值废物。公司对维修过程中所产生的废旧金属及有回收价值的废物分类回收利用
生产管理与维护	优化生产计划。合理安排各个级别产品的生产计划，尽量减少产品更换的次数
	采用合理的生产计划。合理的生产计划可减少相关污染物产生
	绩效考核。加强岗位人员的绩效考核，完善对各项节能指标的控制
	完善废纸运输方式。用密封车厢运输，防止废纸散落
	定期维护、保养设备。定期维护保养设备以保证设备本身的节能效果
	杜绝跑、冒、滴、漏。杜绝原料、水、蒸汽等泄漏现象
员工素质的提高	加强清洁生产工作的宣传和报道。加强清洁生产工作的宣传和报道，加大清洁生产考核力度
	定期培训员工。培训包括日常操作、启动、停机、清洗、维修、非正常情况下的应急处理

附录2 行业政策类文件

附录2-1 轻工业调整和振兴规划（2009）

轻工业承担着繁荣市场、增加出口、扩大就业、服务"三农"的重要任务，是国民经济的重要产业，在经济和社会发展中起着举足轻重的作用。为应对国际金融危机的影响，落实党中央、国务院关于保增长、扩内需、调结构的总体要求，确保轻工业稳定发展，加快结构调整，推进产业升级，特编制本规划，作为轻工业综合性应对措施的行动方案。规划期为2009~2011年。

一、轻工业现状及面临的形势

进入21世纪以来，我国轻工业快速发展，企业规模与实力明显提高，产业竞争力不断增强，吸纳就业和惠农作用显著。2008年，我国轻工业实现增加值26235亿元，占国内生产总值的8.7%，家电、皮革、塑料、食品、家具、五金制品等行业100多种产品产量居世界第一；出口总额3092亿美元，占全国出口总额的21.7%，产品出口200多个国家和地区，家电、皮革、家具、羽绒制品、自行车等产品国际市场占有率超过50%。全行业吸纳就业3500万人。轻工业70%的行业、50%的产值涉及农副产品加工，使2亿多农民直接受益，对解决"三农"问题发挥了不可替代的作用。制浆造纸、家用电器、塑料制品、皮革等行业通过引进消化吸收国外技术和关键设备，具备了较强的集成创新能力和一定的自主创新能力。我国已成为轻工产品生产和消费大国。

但是，轻工业在快速发展的同时，长期积累的矛盾和问题也逐步显现。一是自主创新能力不强。出口产品以贴牌加工为主，产品附加值较低，关键技术装备主要依赖进口。二是产业结构亟待调整。生产能力主要分布在沿海地区，中西部地区发展滞后。出口市场主要集中在欧、美、日，尚未形成多元化格局。中低端产品多，高质量、高附加值产品少。低水平重复建设和盲目扩张严重。三是节能减排任务艰巨。化学需氧量（COD）排放占全国工业排放总量的50%，废水排放量占全国工业废水排放总量的28%。四是产品质量问题突出。产品质量保障体系不完善，企业质量安全意识不强，食品安全事件时有发生。

2008年下半年以来，国际金融危机对我国轻工业造成严重冲击，国内外市场供求失衡，产品库存积压严重，企业融资困难，生产经营陷入困境，轻工业稳定发展形势严峻。我国轻工业市场化程度较高，适应能力较强，产品在国际市场上也具有一定的比较优势，内需市场的进一步扩大，为轻工业发展提供了广阔的市场空间。只要抓住时机，充分利用市场倒逼机制，下决心积极采取综合措施，就能够实现轻工业的调整和振兴。

二、指导思想、基本原则和目标

（一）指导思想

全面贯彻党的十七大精神，以邓小平理论和"三个代表"重要思想为指导，深入贯彻落实科学发展观，按照保增长、扩内需、调结构的总体要求，采取综合措施，扩大城乡市场需求，巩固和开拓国际市场，保持轻工业平稳发展；通过加快自主创新，实施技术改造，推进自主品牌建设，淘汰落后产能，着力推动轻工业结构调整和产业升级；走绿色生态、质量安全和循环经济的新型轻工业发展之路，进一步增强轻工业繁荣市场、扩大就业、服务"三农"的支柱产业地位。

（二）基本原则

1. 积极扩大内需，稳定国际市场。加强消费政策引导，增加有效供给，促进轻工产品消费。巩固传统出口市场，开拓国际新兴市场。

2. 突出重点行业，培育骨干企业。将产业关联度高、吸纳就业能力强、拉动消费效果显著、结构调整带动作用大的行业作为调整和振兴的重点，支持产品质量好、市场竞争力强、具有自主品牌的骨干企业发展壮大。

3. 扶持中小企业，促进劳动就业。采取积极的金融信贷、信用担保等政策，支持业绩良好、具有发展潜质的中小企业发展，充分发挥中小企业吸纳劳动力就业的作用。

4. 加快技术进步，淘汰落后产能。提高企业自主创新能力，重点推进装备自主化和关键技术产业化；加快造纸、家电、塑料、照明电器等行业技术改造步伐，淘汰高耗能、高耗水、污染大、效率低的落后工艺和设备，严格控制新增产能。

5. 保障产品质量，强化食品安全。以食品、家具、玩具和装饰装修等涉及人民群众身体健康的行业为重点，加强质量管理，完善标准和检测体系，打击制售假冒伪劣产品的违法行为，保障产品使用和食用安全。

（三）规划目标

1. 生产保持平稳增长。在稳定出口和扩大内需的带动下，轻工业产销稳定增长，行业效益整体回升，三年累计新增就业岗位300万个左右。

2. 自主创新取得成效。变频空调压缩机、新能源电池、农用新型塑料材料、新型节能环保光源等关键生产技术取得突破。重点行业装备自主化水平稳步提高，中型高速纸机成套装备实现自主化，食品装备自给率提高到60％。

3. 产业结构得到优化。企业重组取得进展，再形成10个年销售收入150亿元以上的大型轻工企业集团。轻工业特色区域和产业集群增加100个，东中西部轻工业协调发展。新增自主品牌100个左右。

4. 污染物排放明显下降。到2011年，主要行业COD排放比2007年减少25.5万吨，降低10％，其中食品行业减少14万吨、造纸行业减少10万吨、皮革行业减少1.5万吨；废水排放比2007年减少19.5亿吨，降低29％，其中食品行业减少10亿吨、造纸行业减少9亿吨、皮革行业减少0.5亿吨。

5. 淘汰落后取得实效。淘汰落后制浆造纸200万吨以上、低能效冰箱（含冰柜）3000万台、皮革3000万标张、含汞扣式碱锰电池90亿只、白炽灯6亿只、酒精100万吨、味精12万吨、柠檬酸5万吨的产能。

6. 安全质量全面提高。完善轻工业标准体系，制订、修订国家和行业标准1000项。生产企业资质合格，内部管理制度完善，规模以上食品生产企业普遍按照GMP（优良制造标准）要求组织生产。质量安全保障机制更加健全，产品质量全部符合法律法规以及相关标准的要求。

三、产业调整和振兴的主要任务

（一）稳定国内外市场

1. 促进国内消费。总结"家电下乡"的试点经验，完善农村家电物流、销售、维修体系，切实做好"家电下乡"工作。加快皮革、家具、五金、家电、塑料、文体用品、缝制机械、制糖等行业重点专业市场建设，进一步发挥专业流通市场的作用。指导工商企业开展深度合作，加快市场需求信息传导，鼓励商贸企业扩大采购和销售轻工产品的规模。

2. 增加有效供给。丰富产品花色品种，研发生产满足多层次消费需求的产品。生产与安居工程、新农村建设、教育医疗、灾后重建、农村基础设施、交通设施以及放心粮油进农村、进社区示范工程等相配套的轻工产品。开发个性化的文体用品及特色旅游休闲产品。积极发展少数民族特需用品。

3. 稳定和开拓国际市场。积极应对贸易摩擦，巩固美、欧、日等传统国际市场；实施出口多元化战略，积极开拓中东、俄罗斯、非洲、北欧、东南亚、西亚等新兴市场。一是支持骨干企业通过多种方式"走出去"，在主要销售市场设立物流中心和分销中心。二是建立经贸合作区，积极推进海外工业园区和经贸合作区建设。三是继续支持外贸专业市场建设，建设针对东南亚、中亚、东北亚等地区的轻工产品边境贸易专业市场，在中东、北欧、俄罗斯等有条件的地区组建中国轻工产品贸易中心，加强对外宣传，方便货物、人员出入境。四是发挥加工贸易作用，支持企业扩大加工贸易。

4. 健全外贸服务体系。建立轻工出口产品国内外技术法规、标准管理服务平台和培训体系，以及质量安全案例通报、退货核查、预警和应急处理系统，提高企业质量管理水平，维护中国产品形象。简化轻工产品出口通关、检验手续，降低相关收费标准，提高通关效率，促进贸易便利化。

（二）增强自主创新能力

1. 提高重点装备自主化水平。在引进消化吸收再创新的基础上，突破重点装备关键技术，加快装备自主化。造纸装备重点发展大幅宽、高车速造纸成套设备。食品装备重点发展新型绿色分离设备、节能高效蒸发浓缩设备、高速和无菌罐装设备、膜式错流过滤机、高速吹瓶设备等，自主化率由40%提高到60%。塑料成型装备重点发展全闭环伺服驱动、电磁感应加热和多层共挤技术的挤出设备。工业缝制装备重点发展电控高速多头多功能刺绣机、电控裁剪整烫设备，光机电一体化设备比重由10%提高到50%，生产效率提高40%。

2. 推进关键技术创新与产业化。采取产学研结合模式，支持农用新型塑料材料、变频空调压缩机、高效节能节材型冰箱压缩机、隧道式大型连续洗涤机组、糖能联产、新型节能环保光源、新型微生物高浓废水处理复合材料、特色功能表面活性剂、新能源电池、污染物减排与废弃物资源化利用等关键技术、设备的创新与产业化。建立重点行业公共技术创新服务平台，建立粮油、电池、皮革行业国家工程技术研究中心，建立造纸、发酵、酿酒、制糖及皮革技术创新联盟。

3. 做好公共服务。完善轻工业特色区域和产业集群公共服务平台建设，为企业提供信息、技术开发、技术咨询、产品设计与开发、成果推广、产品检测、人才培训等服务。

（三）加快实施技术改造

1. 提升行业总体技术水平。支持造纸行业应用深度脱木素、无元素氯漂白、中高浓等技术和全自动控制系统进行技术改造；支持家电行业电冰箱、空调器、洗衣机等关键部件生产线升级改造，实现高端及高效节能电冰箱、空调器、洗衣机等产品的产业化；支持塑料行业绿色塑料建材、多功能宽幅农膜生产技术升级；支持表面活性剂行业推广应用绿色表面活性剂，实现绿色功能性产品产业化；支持五金行业传统加工工艺及设备升级，提高制造水平。

2. 推进企业节能减排。重点对食品、造纸、电池、皮革等行业实施节能减排技术改造。食品行业加快应用新型清洁生产和综合利用技术。造纸行业加快应用清洁生产、非木浆碱回收、污水处理、沼气发电技术，推广污染物排放在线监测系统。电池行业重点推广无汞扣式碱锰电池技术，普通锌锰电池实现无汞、无铅、无镉化，锂离子电池替代镉镍电池。皮革行业加快推广保毛脱毛、无灰浸灰、生态鞣制等清洁生产技术和固体废弃物资源化利用技术。编制重点行业清洁生产推广规划，支持重点行业企业实施循环经济示范工程；推广《国家重点节能技术推广目录（第一批）》中的轻工行业节能技术；支持食品、造纸、电池、皮革行业节能减排计量统计监测体系软硬件建设。

3. 调整产品结构。支持发展市场短缺产品，优化产品结构，提高自给率。支持农副产品深加工，重点推进油料品种多元化，实施高效、低耗、绿色生产，促进油料作物转化增值和深度开发，新增花生油 100 万吨、菜籽油 100 万吨、棉籽油 50 万吨、特色油脂 100 万吨产能，保障食用植物油供应安全；继续实施《全国林纸一体化工程建设"十五"及 2010 年专项规划》，加快重点项目建设，新增木浆 220 万吨、竹浆 30 万吨产能，提高国产木浆比重，推动林纸一体化发展。

（四）实施食品加工安全专项

1. 大力整顿食品加工企业。对全国食品加工企业在生产许可、市场准入、产品标准、质量安全管理方面逐项检查，坚决取缔无卫生许可证、无营业执照、无食品生产许可证的非法生产加工企业，严肃查处有证企业生产不合格产品、非法进出口等违法行为，严厉打击制售假冒伪劣食品、使用非食品原料和回收食品生产加工食品的违法行为。

2. 全面清理食品添加剂和非法添加物。深入开展食品添加剂、非法添加物专项检查和清理工作，按照《食品添加剂使用卫生标准》（GB 2760—2007），理清并发布违法添加的非食用物质和易被滥用的食品添加剂名单，规范食品添加剂安全使用。

3. 加强食品安全监测能力建设。督促粮油、肉及肉制品、乳制品、食品添加剂、饮料、罐头、酿酒、发酵、制糖、焙烤等行业重点企业，增加原料检验、生产过程动态监测、产品出厂检测等先进检验装备，特别是快速检验和在线检测设备。完善企业内部质量控制、监测系统和食品质量可追溯体系。

4. 提高食品行业准入门槛。明确食品加工企业在原料基地、管理规范、生产操作规程、产品执行标准、质量控制体系等方面的必备条件，加快制定和修订乳制品、肉及肉制品、水产品、粮食、油料、果蔬等重点食品加工行业产业政策和行业准入标准。

5. 建立健全食品召回及退市制度。建立和完善不合格食品主动召回、责令召回及退市制度，建立食品召回中心，明确食品召回范围、召回级别等具体规定，使食品召回及退市制度切实可行。健全食品质量安全申诉投诉处理体系，加强申诉投诉处理管理。

6. 加强食品工业企业诚信体系建设。通过政府指导、行业组织推动和企业自律，加快建立以法律法规为准绳、社会道德为基础、企业自律为重点、社会监督为约束、诚信效果可评价、诚信奖惩有制度的食品工业企业诚信体系。制定食品工业企业诚信体系建设指导意见，开展食品企业诚信体系建设试点工作。跟踪评价食品工业企业诚信体系建设指导意见贯彻实施情况，及时修改完善相关规范和标准。

（五）加强自主品牌建设

1. 支持优势品牌企业跨地区兼并重组、技术改造和创新能力建设，推动产业整合，提高产业集中度，增强品牌企业实力。引导企业开拓国际市场，通过国际参展、广告宣传、质量认证、公共服务平台等多种形式和渠道，提高自主品牌的知名度和竞争力。

2. 支持国内有实力的企业"走出去"，实施本地化生产，拓展国际市场，扩大产品覆盖面，提高品牌影响力。

3. 完善认证和检测制度，积极开展与主要贸易伙伴国多层面的交流与合作，提高国际社会对我国检测、认证结果的认可度，树立自主品牌国际形象。

4. 加强自主品牌保护，加大宣传力度，增强企业和全社会保护自主知名品牌的意识和责任感。

（六）推动产业有序转移

1. 结合优化区域布局，鼓励具有资源优势等条件的地区充分总结和借鉴产业集群发展经验，改善建设条件和经营环境，积极承接产业转移，着力培育发展轻工业特色区域和产业集群。

2. 根据行业特点和发展要求推进产业转移。推动冰箱、空调、洗衣机等家电行业重点产品的研发、制造、集散，逐步由珠三角、长三角和环渤海等地区向本区域内有条件地区和中西部地区转移；引导制革和制鞋行业集中的东部沿海地区，利用其优势重点从事研发、设计和贸易，将生产加工向具备资源优势的地区转移；推进陶瓷和发酵行业向有原料优势、能源丰富的地区转移。

同时，产业转移过程中要严格遵守环境保护法律法规，杜绝产业转移成为"污染转移"。

（七）提高产品质量水平

1. 建立产品质量安全保障机制。一是切实贯彻《中华人民共和国产品质量法》，严格市场准入制度和产品质量监督抽查制度，加快建立质量安全风险监测、预警、信息通报、快速处置以及产品追溯、召回和退市制度，严惩质量违法违规企业。二是落实企业对产品质量安全的主体责任，严格执行产品质量标准，全面加强质量管理，从原料采购、生产加工、出厂检验等环节控制产品质量，确保产品质量符合标准要求。三是建立规范的企业质量信用评价制度和产品质量信用记录发布制度，加强行业自律。四是完善国家产品质量检测技术服务平台，提高检测装备水平。

2. 加快行业标准制订和修订工作。制订食品添加剂、肉品、酿酒、乳制品、饮料、家具、装饰装修材料等行业新标准450项，其中食品添加剂等国家标准70项，家具和装饰装修材料等行业国家标准150项。修订塑料、五金、皮革、洗涤用品、饮料等行业标龄超过5年的标准550项。完善家电、造纸、塑料、照明电器、五金、皮革等重点行业的安全标准、基础通用标准、重点产品标准和检测方法标准。制订和修订塑料降解、制浆造纸、皮革鞣制、电池回收等资源节约与环境保护方面的标准，完善相应的技术标准体系。

（八）加强企业自身管理

加大法律宣传力度，加强企业自律，全面提高企业素质，增强企业守法经营意识和社会责任感。深化企业改革，加快现代企业制度建设，完善公司治理结构，提高企业管理的科学性。树立现代管理理念，加强企业管理，提高经营决策、产品设计、资源配置、产品生产、质量管理、市场开拓等水平，增强对市场需求的快速反应能力，努力开发适销对路产品，通过管理提高效益。重视人才培训，提高员工素质，合理配置人力资源。

（九）切实淘汰落后产能

建立产业退出机制，明确淘汰标准，量化淘汰指标，加大淘汰力度。力争三年内淘汰一批技术装备落后、资源能源消耗高、环保不达标的落后产能。造纸行业重点淘汰年产3.4万吨以下草浆生产装置和年产1.7万吨以下化学制浆生产线，关闭排放不达标、年产1万吨以下以废纸为原料的造纸厂。食品行业重点淘汰年产3万吨以下酒精、味精生产工艺及装置。皮革行业重点淘汰年加工3万标张以下的生产线。家电行业重点淘汰以氯氟烃为发泡剂或制冷剂的冰箱、冰柜、汽车空调器等产能和低能效产品产能。电池行业重点淘汰汞含量高于1ppm的圆柱形碱锰电池和汞含量高于5ppm的扣式碱锰电池。加快实施节能灯替代，淘汰6亿只白炽灯产能。

四、政策措施

（一）进一步扩大"家电下乡"补贴品种

根据农民意愿和行业发展要求，将微波炉和电磁炉纳入"家电下乡"补贴范围，并将每类产品每户只能购买一台的限制放宽到两台。中央财政加大对民族地区和地震重灾区的支持力度。

（二）提高部分轻工产品出口退税率

进一步提高部分不属于"两高一资"的轻工产品的出口退税率，加快出口退税进度，确保及时足额退税。

（三）调整加工贸易目录

继续禁止"两高一资"产品加工贸易。对符合国家产业政策和宏观调控要求，不属于高耗能、高污染的产品，取消加工贸易禁止。对部分劳动密集型产品以及技术含量较高、环保节能的产品，取消加工贸易限制。对全部使用进口资源且生产过程中污染和能耗较低的产品，允许开展加工贸易。

（四）解决涉农产品收储问题

进一步扩大食糖国家储备。鼓励地方政府采取流动资金贷款贴息等措施，支持企业收储纸浆及纸、浓缩苹果汁等涉农产品，缓解产品销售不畅、积压严重的状况。

（五）加强技术创新和技术改造

支持重点装备自主化、关键技术创新与产业化，支持提高重点行业技术装备水平、推进节能减排、强化食品加工安全以及自主品牌建设等。

（六）加大金融支持力度

尽快落实《国务院办公厅关于当前金融促进经济发展的若干意见》（国办发〔2008〕126号），鼓励金融机构加大对轻工企业信贷支持力度，对一些基本面较好、带动就业明显、信用记录较好但暂时出现经营困难的企业给予信贷支持，允许将到期的贷款适当展期；简化税务部门审核金融机构呆账核销手续和程序，对中小企业贷款实行税前全额拨备损失准备金；支持符合条件的企业发行公司债券、企业债券、中小企业集合债券、短期融资券等，拓展企业融资渠道；中央和地方财政要加大对资质好、管理规范的中小企业信用担保机构的支持力度，鼓励担保机构为中小型轻工企业提供信用担保和融资服务；利用出口信贷、出口信用保险等金融工具，帮助轻工企业便利贸易融资，防范国际贸易风险。鼓励保险公司开展产品质量保险和出口信用保险，为轻工企业提供风险保障。建立和完善中央集中式的、以互联网为基础的动产和权利担保登记中心，简化登记手续，降低登记收费，落实债权人的担保权益。

（七）大力扶持中小企业

现有支持中小企业发展的专项资金（基金）等向轻工企业倾斜，中央外贸发展基金加大对符合条件的轻工企业巩固和开拓国外市场的支持力度；按照有关规定，对中小型轻工企业实施缓缴社会保险费或降低相关社会保险费率等政策。

（八）加强产业政策引导

尽快研究制定发酵、粮油、皮革、电池、照明电器、日用玻璃、农膜等产业政策以及准入条件，研究完善重污染企业和落后产能退出机制，适时调整《产业结构调整指导目录》和《外商投资产业指导目录》。环保、土地、信贷、工商登记等相关政策要与产业政策相互衔接配合，充分体现有保有压的调控作用。

（九）鼓励兼并重组和淘汰落后

认真落实有关兼并重组的政策，在流动资金、债务核定、职工安置等方面给予支持；对于实施兼并重组企业的技术创新、技术改造给予优先支持。各级政府要加大轻工业重点行业淘汰落后产能力度，解决好职工安置、企业转产、债务化解等问题，促进社会和谐稳定。

（十）发挥行业协会作用

充分发挥行业协会在产业发展、技术进步、标准制定、贸易促进、行业准入和公共服务等方面的作用。建立轻工业经济运行及预测预警信息平台，及时反映行业情况和问题，引导企业落实产业政策，加强行业自律。

五、规划实施

国务院有关部门要按照《规划》分工，尽快制定完善相关政策措施，加强沟通，密切配合，确保《规划》顺利实施。要适时开展《规划》的后评价工作，及时提出评价意见。

各地区要按照《规划》确定的目标、任务和政策措施，结合当地实际抓紧制定具体落实方案，确保取得实效。具体工作方案和实施过程中出现的新情况、新问题要及时报送发展改革委、工业和信息化部等有关部门。

附录 2－2 《造纸行业清洁生产评价指标体系（试行）》

制浆造纸行业清洁生产
评价指标体系（试行）

国家发展和改革委员会　发布

目　录

前　言

为了贯彻落实《中华人民共和国清洁生产促进法》，指导和推动制浆造纸企业依法实施清洁生产，提高资源利用率，减少和避免污染物的产生，保护和改善环境，制定制浆造纸行业清洁生产评价指标体系（试行）（以下简称"指标体系"）。

本指标体系用于评价制浆造纸企业的清洁生产水平，作为创建清洁先进生产企业的主要依据，为企业推行清洁生产提供技术指导。

本指标体系依据综合评价所得分值将企业清洁生产等级划分为两级，即代表国内先进水平的"清洁生产先进企业"和代表国内一般水平的"清洁生产企业"。随着技术的不断进步和发展，本指标体系每 3~5 年修订一次。

本指标体系由中国轻工业清洁生产技术中心起草。

本指标体系由国家发展和改革委员会负责解释。

本指标体系自公布之日起试行。

1　制浆造纸行业清洁生产评价指标体系的适用范围

本评价指标体系适用于制浆造纸行业，包括木浆、非木浆、废纸浆等制浆企业；新闻纸、印刷书写纸、生活用纸、涂布纸、包装纸及纸板等造纸企业以及浆纸联合生产企业。

2　制浆造纸行业清洁生产评价指标体系的结构

根据清洁生产的原则要求和指标的可度量性，本评价指标体系分为定量评价和定性要求两大部分。

定量评价指标选取了有代表性的、能反映"节能"、"降耗"、"减污"和"增效"等有关清洁生产最终目标的指标，建立评价模式。通过对各项指标的实际达到值、评价基准值和指标的权重值进行计算和评分，综合考评企业实施清洁生产的状况和企业清洁生产程度。

定性评价指标主要根据国家有关推行清洁生产的产业发展和技术进步政策、资源环境保护政策规定以及行业发展规划选取，用于定性考核企业对有关政策法规的符合性及其清洁生产工作实施情况。

定量指标和定性指标分为一级指标和二级指标。一级指标为普遍性、概括性的指标，二级指标为反映制浆造纸企业清洁生产各方面具有代表性的、易于评价考核的指标。

考虑到不同类型制浆造纸企业生产工序和工艺过程的不同，本评价指标体系根据不同类型企业各自的实际生产特点，对其二级指标的内容及其评价基准值、权重值的设置有一定差异，使其更具有针对性和可操作性。

不同类型制浆造纸企业定量和定性评价指标体系框架分别见图1~图9。

3　制浆造纸行业清洁生产评价指标的评价基准值及权重值

在定量评价指标中，各指标的评价基准值是衡量该项指标是否符合清洁生产基本要求的评价基准。本评价指标体系确定各定量评价指标的评价基准值的依据是：凡国家或行业在有关政策、规划等文件中对该项指标已有明确要求的就执行国家要求的数值；凡国家或行业对该项指标尚无明确要求的，则选用国内重点大中型制浆造纸企业近年来清洁生产所实际达到的中上等以上水平的指标值。因此，本定量评价指标体系的评价基准值代表了行业清洁生产的平均先进水平。

在定性评价指标体系中，衡量该项指标是否贯彻执行国家有关政策、法规的情况，按"是"或"否"两种选择来评定。

清洁生产评价指标的权重值反映了该指标在整个清洁生产评价指标体系中所占的比重。它原则上是根据该项指标对制浆造纸企业清洁生产实际效益和水平的

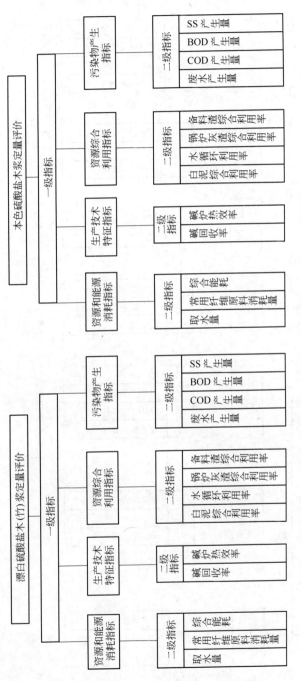

图 1 漂白硫酸盐木（竹）浆和本色硫酸盐木浆定量评价指标体系框架

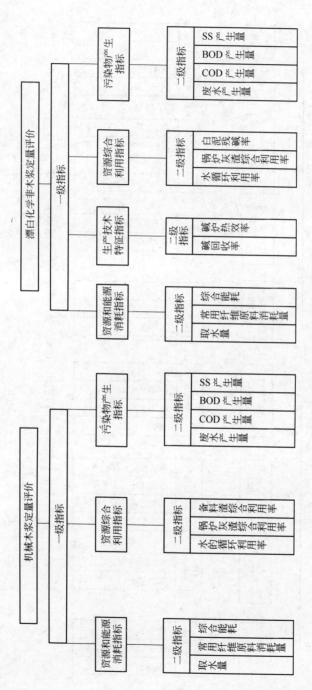

图 2　机械木浆和漂白化学非木浆定量评价指标体系框架

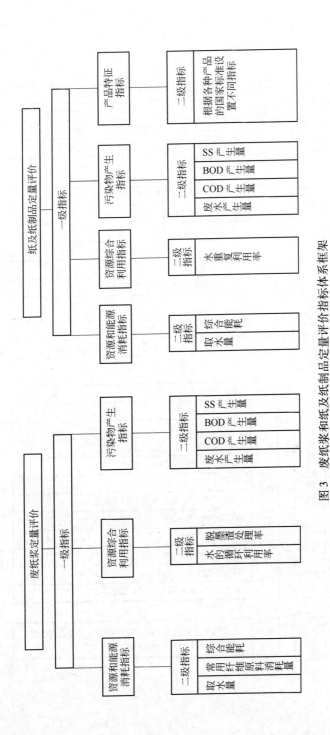

图 3 废纸浆和纸及纸制品定量评价指标体系框架

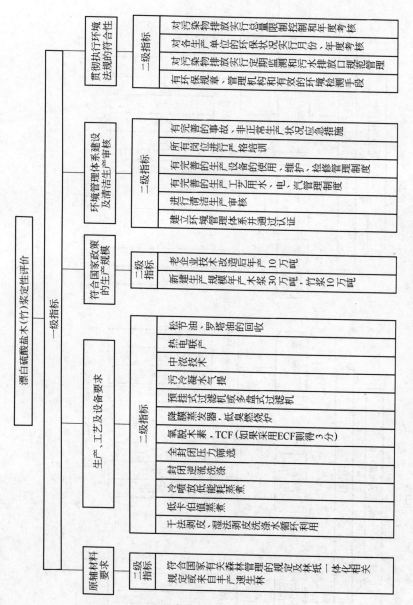

图4　漂白硫酸盐木（竹）浆定性评价指标体系框架

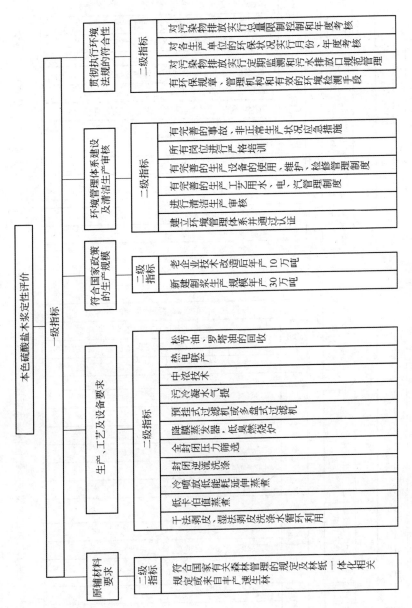

图 5 本色硫酸盐木浆定性评价指标体系框架

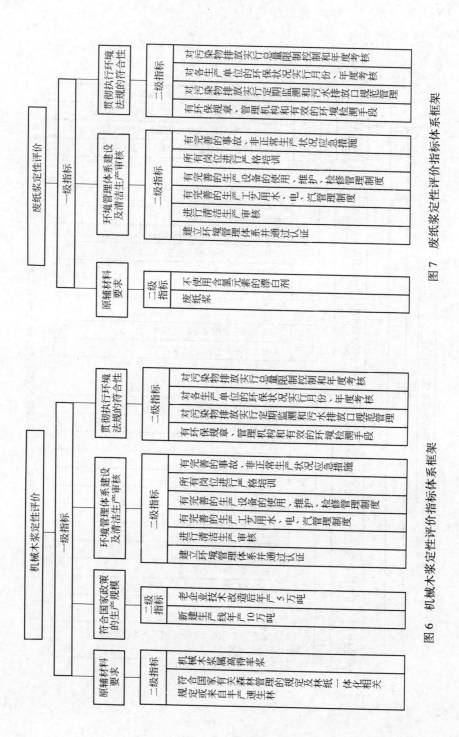

图 7 废纸浆定性评价指标体系框架

图 6 机械木浆定性评价指标体系框架

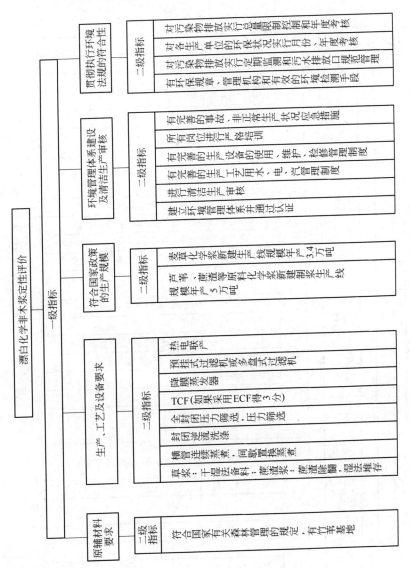

图 8 漂白化学非木浆定性评价指标体系框架

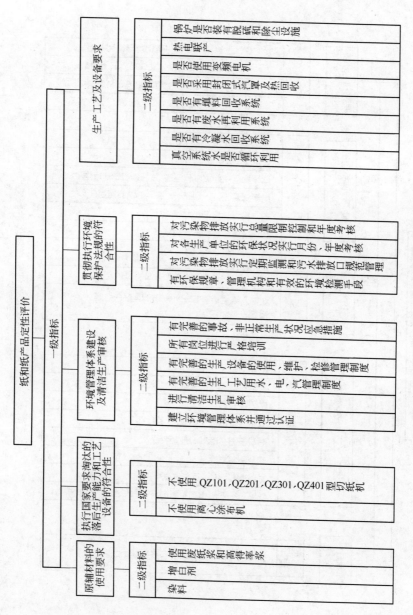

图9　纸和纸产品定性评价指标体系框架

影响程度大小及其实施的难易程度来确定的。

不同类型制浆造纸企业清洁生产评价指标体系的各评价指标、评价基准值和权重值见表1~表11。

表1 漂白硫酸盐木（竹）浆定量和定性评价指标项目、权重及基准值

定 量 指 标

一级指标	权重值	二级指标		单位	权重分值	评价基准值
（1）资源和能源消耗指标	30	取水量	木浆	m³/Adt	10	90
			竹浆			
		常用纤维原料消耗量	木浆	绝干 t/Adt	8	2.35（不带皮原木）
			竹浆			2.35
		综合能耗（外购能源）	木浆	kgce/Adt	12	550
			竹浆			650
（2）生产技术特征指标	30	碱回收率	木浆	%	15	95
			竹浆			93
		碱炉的热效率		%	15	65
（3）资源综合利用指标	25	白泥综合利用率	木浆	%	6	90
			竹浆			60
		水的循环利用率		%	8	80
		锅炉灰渣综合利用率		%	6	100
		备料渣（指木屑等）综合利用率		%	5	100
（4）污染物产生指标	15	废水产生量		m³/Adt	7	80
		COD_{Cr} 产生量		kg/Adt	3	80
		BOD_5 产生量		kg/Adt	3	28
		SS 产生量		kg/Adt	2	35

定 性 指 标

一级指标	指标分值	二级指标		指标分值
（1）原辅材料	15	符合国家有关森林管理的规定及林纸一体化相关规定或来自丰产速生林		15
（2）生产工艺及设备要求	25	备料	干法剥皮，冲洗水循环利用	2
		蒸煮工艺	低卡伯值蒸煮	1
			冷喷放低能耗蒸煮	1
		洗涤工艺	封闭逆流洗涤	3

续表1

定　性　指　标

一级指标	指标分值	二　级　指　标		指标分值
（2）生产工艺及设备要求	25	筛选工艺	全封闭压力筛选	2
		漂白工艺	氧脱木素，TCF（如果采用ECF则得3分）	5
		碱回收工艺	降膜蒸发器，低臭燃烧炉	2
			预挂式过滤机或多盘式过滤机	2
			污冷凝水汽提	2
			中浓技术	2
			热电联产	2
			松节油、罗塔油的回收	1
（3）符合国家政策的生产规模	10	新建制浆生产规模年产木浆30万吨，竹浆10万吨		10
		老企业技术改造后年产10万吨		
（4）环境管理体系建设及清洁生产审核	25	建立环境管理体系并通过认证		7
		进行清洁生产审核		8
		有完善的生产工艺用水、电、汽管理制度		3
		有完善的生产设备的使用、维护、检修管理制度		3
		所有岗位进行严格培训		2
		有完善的事故、非正常生产状况应急措施		2
（5）贯彻执行环境保护法规的符合性	25	有环保规章、管理机构和有效的环境检测手段		6
		对污染物排放实行定期监测和污水排放口规范管理		5
		对各生产单位的环保状况实行月份、年度考核		5
		对污染物排放实行总量限制控制和年度考核		9

注：1. Adt表示吨风干浆。

2. 在综合能耗的计算中，煤耗不包括采暖用煤。

3. 在对工艺技术的评价中，如果企业采用了本指标体系所提供的工艺技术或其他同一水平、更先进水平的工艺技术，则该企业可以获得相应的分值。

表2　本色硫酸盐木浆定量和定性评价指标项目、权重及基准值

定　量　指　标

一级指标	权重值	二级指标	单位	权重分值	评价基准值
（1）资源和能源消耗指标	30	取水量	m^3/Adt	10	60
		常用纤维原料消耗量	绝干 t/Adt	8	2.15（不带皮原木）
		综合能耗（标煤）（外购能源）	kg/Adt	12	450

续表 2

定 量 指 标

一级指标	权重值	二级指标	单位	权重分值	评价基准值
（2）生产技术特征指标	30	碱回收率	%	15	95
		碱炉的热效率	%	15	65
（3）资源综合利用指标	25	白泥综合利用率	%	6	90
		水的循环利用率	%	8	85
		锅炉灰渣综合利用率	%	6	100
		备料渣（指木屑等）综合利用率	%	5	100
（4）污染物产生指标	15	废水产生量	m^3/ Adt	7	50
		COD_{Cr}产生量	kg/ Adt	3	50
		BOD_5产生量	kg/ Adt	3	18
		SS 产生量	kg/ Adt	2	30

定 性 指 标

一级指标	指标分值	二 级 指 标		指标分值
（1）原辅材料	15	符合国家有关森林管理的规定及林纸一体化相关规定或来自丰产速生林		15
（2）生产工艺及设备要求	25	备料	干法剥皮，冲洗水循环利用	2
		蒸煮工艺	冷喷放低能耗延伸蒸煮	2
		洗涤工艺	封闭逆流洗涤	3
		筛选工艺	全封闭压力筛选	3
		碱回收工艺	降膜蒸发器，低臭燃烧炉	2
			预挂式过滤机或多盘式过滤机	2
			污冷凝水汽提	3
			中浓技术	3
			热电联产	3
			松节油、罗塔油的回收	2
（3）符合国家政策的生产规模	10	新建制浆生产规模年产30万吨		10
		老企业技术改造后年产10万吨		
（4）环境管理体系建设及清洁生产审核	25	建立环境管理体系并通过认证		7
		进行清洁生产审核		8
		有完善的生产工艺用水、电、汽管理制度		3

续表 2

定 性 指 标			
一级指标	指标分值	二 级 指 标	指标分值
（4）环境管理体系建设及清洁生产审核	25	有完善的生产设备的使用、维护、检修管理制度	3
		所有岗位进行严格培训	2
		有完善的事故、非正常生产状况应急措施	2
（5）贯彻执行环境保护法规的符合性	25	有环保规章、管理机构和有效的环境检测手段	6
		对污染物排放实行定期监测和污水排放口规范管理	5
		对各生产单位的环保状况实行月份、年度考核	5
		对污染物排放实行总量限制控制和年度考核	9

表 3　机械木浆定量评价指标项目、权重及基准值

定 量 指 标					
一级指标	权重值	二 级 指 标		单位	权重分值	评价基准值
（1）资源和能源消耗指标	40	取水量		m^3/Adt	15	30
		常用纤维原料消耗量（绝干吨）	机械木浆（TMP）	t/Adt	10	1.05（不带皮原木）
			化学机械木浆			1.15（不带皮原木）
		综合能耗（标煤）	机械木浆（自用浆）	kg/Adt	15	1200
			阔叶木化学机械浆（自用浆）			1100
（2）资源综合利用指标	35	水的循环利用率		%	15	80
		锅炉灰渣综合利用率		%	10	100
		备料渣（指木屑等）综合利用率		%	10	100
（3）污染物产生指标	25	废水产生量		m^3/Adt	8	25
		COD_{Cr} 产生量		kg/Adt	6	170
		BOD_5 产生量		kg/Adt	6	80
		SS 产生量		kg/Adt	5	35

定 性 指 标			
一级指标	指标分值	二 级 指 标	指标分值
（1）原辅材料	20	符合国家有关森林管理的规定及林纸一体化相关规定或来自丰产速生林	10
		机械浆属高得率浆	10

定 性 指 标

一级指标	指标分值	二 级 指 标	指标分值
（2）符合国家政策的生产规模	10	新建生产线年产10万吨	10
		老企业制浆系统技改年产5万吨	
（3）环境管理体系建设及清洁生产审核	40	建立环境管理体系并通过认证	8
		进行清洁生产审核	10
		有完善的生产工艺用水、电、汽管理制度	6
		有完善的生产设备的使用、维护、检修管理制度	6
		所有岗位进行严格培训	5
		有完善的事故、非正常生产状况应急措施	5
（4）贯彻执行环境保护法规的符合性	30	有环保规章、管理机构和有效的环境检测手段	8
		对污染物排放实行定期监测和污水排放口规范管理	6
		对各生产单位的环保状况实行月份、年度考核	6
		对污染物排放实行总量限制控制和年度考核	10

表4 漂白化学非木浆定量评价指标项目、权重及基准值

定 量 指 标

一级指标	权重值	二 级 指 标		单位	权重值	评价基准值
（1）资源和能源消耗指标	30	取水量		m^3/Adt	10	130
		常用纤维原料消耗量	绝干麦草（白度75以上精制浆）	t/Adt	8	2.5
			绝干除髓蔗渣			2.4
		综合能耗（标煤）（外购能源）	麦草浆（自用浆）	kg/Adt	12	1000
			蔗渣浆苇浆（自用浆）			900
（2）生产技术特征指标	30	碱回收率	麦草浆	%	15	75
			蔗渣浆、苇浆			78
		碱炉热效率		%	15	60
（3）资源综合利用指标	25	锅炉灰渣综合利用率		%	7	100
		水的循环利用率		%	10	70
		白泥残碱率（以 Na_2O 计）		%	8	1.0
（4）污染物产生指标	15	废水产生量	麦草浆	m^3/Adt	7	120
			蔗渣浆、苇浆			100

续表 4

定　量　指　标

一级指标	权重值	二 级 指 标		单位	权重值	评价基准值
（4）污染物产生指标	15	COD_{Cr} 产生量	麦草浆	kg/Adt	3	200
			蔗渣浆、苇浆			170
		BOD_5 产生量	麦草浆	kg/Adt	3	60
			蔗渣浆、苇浆			50
		SS 产生量	麦草浆	kg/Adt	2	80
			蔗渣浆、苇浆			100

定　性　指　标

一级指标	指标分值	二 级 指 标		指标分值
（1）原辅材料	15	符合国家有关森林管理的规定，有竹苇基地		15
（2）生产工艺及设备要求	25	备料	草浆：干湿法备料	3
			蔗渣浆：蔗渣除髓，湿法堆存	
		蒸煮工艺	横管连续蒸煮或间歇置换蒸煮	6
		洗涤工艺	封闭逆流洗涤	2
		筛选工艺	全封闭压力筛选，压力筛选	3
		漂白工艺	TCF（如果采用 ECF 则得 3 分）	5
		碱回收工艺	降膜蒸发器	2
			预挂式过滤机或多盘式过滤机	2
		热电联产		2
（3）符合国家政策的生产规模	10	芦苇、蔗渣等原料化学浆，新建制浆生产线规模 5 万吨		10
		麦草化学浆改扩建生产线规模 3.4 万吨		
（4）环境管理体系建设及清洁生产审核	25	建立环境管理体系并通过认证		7
		进行清洁生产审核		8
		有完善的生产工艺用水、电、汽管理制度		3
		有完善的生产设备的使用、维护、检修管理制度		3
		所有岗位进行严格培训		2
		有完善的事故、非正常生产状况应急措施		2
（5）贯彻执行环境保护法规的符合性	25	有环保规章、管理机构和有效的环境检测手段		6
		对污染物排放实行定期监测和污水排放口规范管理		5
		对各生产单位的环保状况实行月份、年度考核		5
		对污染物排放实行总量限制控制和年度考核		9

注：1. 其他草浆产品指标同麦草浆指标。
　　2. 常用纤维原料消耗量是指进行蒸煮的原料，不包括备料损失部分。
　　3. COD_{Cr}、BOD_5 和 SS 的产生量不包括湿法备料洗涤产生的废水。

表 5　废纸浆定量评价指标项目、权重及基准值

定　量　指　标

一级指标	权重值	二　级　指　标		单位	权重值	评价基准值
（1）资源和能源消耗指标	50	取水量	脱墨废纸浆	m³/ Adt	18	30
			本色废纸浆			20
		常用纤维原料消耗量	脱墨废纸浆	t/Adt	14	1.25
			本色废纸浆			1.15
		综合能耗（标煤）	脱墨废纸浆（自用浆）	kg/Adt	18	420
			本色废纸浆（自用浆）			270
（2）资源综合利用指标	25	脱墨渣处理率		%	10	100
		水的循环利用率		%	15	80
（3）污染物产生指标	25	废水产生量		m³/ Adt	8	30
		COD_{Cr}产生量		kg/ Adt	6	80
		BOD_5产生量		kg/ Adt	6	30
		SS产生量		kg/ Adt	5	40

定　性　指　标

一级指标	指标分值	二　级　指　标	指标分值
（1）原辅材料	30	废纸浆	18
		漂白剂：不使用含氯元素的漂白剂	12
（2）环境管理体系建设及清洁生产审核	40	建立环境管理体系并通过认证	8
		进行清洁生产审核	10
		有完善的生产工艺用水、电、汽管理制度	6
		有完善的生产设备的使用、维护、检修管理制度	6
		所有岗位进行严格培训	5
		有完善的事故、非正常生产状况应急措施	5
（3）贯彻执行环境保护法规的符合性	30	建设项目环保"三同时"执行情况	6
		建设项目环境影响评价制度执行情况	6
		老污染源限期治理项目完成情况	8
		污染物排放总量控制情况	10

表6　新闻纸定量评价指标项目、权重及基准值

一级指标	权重分值	二级指标	单位	权重分值	评价基准值
（1）资源和能源消耗指标	40	取水量	m^3/t 产品	20	20
		综合能耗（标煤）	kg/t 产品	20	630
（2）资源综合利用指标	10	水重复利用率	%	10	80
（3）污染物产生指标	34	废水产生量	m^3/t	12	13
		COD_{Cr} 产生量	kg/t	8	31
		BOD_5 产生量	kg/t	8	10
		SS 产生量	kg/t	6	22
（4）产品特征指标	16	抗张指数	N·m/g	4	38.0
		横向撕裂指数	m N·m^2/g	4	4.50
		亮度	%	4	50.0
		尘埃度 (0.5~4.0)mm^2 (1.5~4.0)mm^2 >4.0mm^2	个/m^2	4	64 <4 不许有

表7　印刷书写纸定量评价指标项目、权重及基准值

一级指标	权重分值	二级指标	单位	权重分值	评价基准值
（1）资源和能源消耗指标	40	取水量	m^3/t 产品	20	30
		综合能耗（标煤）	kg/t 产品	20	680
（2）资源综合利用指标	10	水重复利用率	%	10	80
（3）污染物产生指标	34	废水产生量	m^3/t	10	20
		COD_{Cr} 产生量	kg/t	8	15
		BOD_5 产生量	kg/t	8	10
		SS 产生量	kg/t	8	18
（4）产品特征指标	16	甲醛	mg/m^2	4	1
		白度	%	3	70
		不透明度	%	3	75.0
		施胶度	mm	3	0.75
		尘埃度 0.3~1.5mm^2 >1.5mm^2	个/m^2	3	80 不许有

表 8 生活用纸定量评价指标项目、权重及基准值

一级指标	权重分值	二级指标		单位	权重分值	评价基准值
（1）资源和能源消耗指标	40	取水量		m^3/t 产品	20	30
		综合能耗（标煤）		kg/t 产品	20	950
（2）资源综合利用指标	10	水重复利用率		%	10	30
（3）污染物产生指标	34	废水产生量		m^3/t	10	20
		COD_{Cr}产生量		kg/t	8	25
		BOD_5产生量		kg/t	8	6
		SS 产生量		kg/t	8	12
（4）产品特征指标	16	微生物	细菌菌落总数	cfu/g	2	≤200
			大肠菌群	cfu/g	2	不得检出
			金黄色葡萄球菌	cfu/g	2	不得检出
			溶血性链球菌	cfu/g	2	不得检出
		白度		%	2	75
		横向吸液高度		mm/100s	3	20
		柔软度纵横平均		mN	3	200/双层

表 9 纸板定量评价指标项目、权重及基准值

一级指标	权重分值	二级指标		单位	权重分值	评价基准值
（1）资源和能源消耗指标	40	取水量	白纸板	m^3/t 产品	20	30
			箱纸板			25
			瓦楞原纸			25
		综合能耗（标煤）	白纸板	kg/t 产品	20	680
			箱纸板			640
			瓦楞原纸			560
（2）资源综合利用指标	10	水重复利用率		%	10	80
（3）污染物产生指标	34	废水产生量		m^3/t	10	16
		COD_{Cr}产生量		kg/t	8	70
		BOD_5产生量		kg/t	8	20
		SS 产生量		kg/t	8	20

一级指标	权重分值	二级指标	单位	权重分值	评价基准值
（4）产品特征指标	16	水抽提液酸度	%	4	0.05
		紧度	g/m^3	4	0.75
		横向伸长率	%	4	5.5
		灰分	%	4	2.0

表10 涂布纸定量评价指标项目、权重及基准值

一级指标	权重分值	二级指标	单位	权重分值	评价基准值
（1）资源和能源消耗指标	40	取水量	m^3/t 产品	20	35
		综合能耗（标煤）	kg/t 产品	20	750
（2）资源综合利用指标	10	水重复利用率	%	10	80
（3）污染物产生指标	34	废水产生量	m^3/t	10	25
		COD_{Cr}产生量	kg/t	8	50
		BOD_5 产生量	kg/t	8	15
		SS 产生量	kg/t	8	40
（4）产品特征指标	16	白度	%	3	86
		不透明度 $70 \sim 90g/m^2$ $>90 \sim 130g/m^2$ $>130g/m^2$	%	3	88 95
		光泽度	%	3	63
		灰分	%	4	33
		尘埃度 $0.2 \sim 1.0mm^2$ $>1.0 \sim 1.5mm^2$ $>1.5 mm^2$	个$/m^2$	3	16 不许有 不许有

表 11　纸产品定性评价指标项目及权重

一级指标	指标分值	二 级 指 标			指标分值
（1）原辅材料的使用要求	15	染料	新闻纸	不使用附录 2 中所列染料	5
			印刷书写纸	不使用附录 2 中所列染料	
			生活用纸	不使用附录 2 中所列染料	
			涂布纸	不使用附录 2 中所列染料，不使用含甲醛的涂料	
		增白剂	卫生纸	不使用荧光增白剂	5
			食品包装纸		
			纸杯		
		使用废纸浆和高得率浆			5
（2）执行国家要求淘汰的落后生产能力和工艺设备的符合性	10	不使用离心涂布机			5
		不使用 QZ101、QZ201、QZ301、QZ401 型切纸机			5
（3）环境管理体系建设及清洁生产审核	25	是否建立环境管理体系并通过认证			7
		是否进行清洁生产审核			8
		是否有完善的生产工艺用水、电、汽管理制度			3
		是否有完善的生产设备的使用、维护、检修管理制度			3
		是否所有岗位进行严格培训			2
		是否有完善的事故、非正常生产状况应急措施			2
（4）贯彻执行环境保护法规的符合性	25	有环保规章、管理机构和有效的环境检测手段			6
		对污染物排放实行定期监测和污水排放口规范管理			5
		对各生产单位的环保状况实行月份、年度考核			5
		对污染物排放实行总量限制控制和年度考核			9
（5）生产工艺及设备要求	25	真空系统水是否循环使用			3
		是否有冷凝水回收系统			3
		是否有废水再利用系统			3
		填料回收系统（对于涂布纸还应有涂料回收系统）			3
		是否采用闭式汽罩及热回收			3
		是否使用变频电机			3
		热电联产			3
		锅炉是否装有脱硫和除尘设施			4

　　清洁生产是一个相对概念，它将随着经济的发展和技术的更新而不断完善，达到新的更高、更先进水平，因此清洁生产评价指标及指标的基准值，也应视行业技术进步趋势进行不定期调整，其调整周期一般为 3 年，最长不应超过 5 年。

4　制浆造纸企业清洁生产评价指标的考核评分计算方法

4.1　定量评价指标的考核评分计算

　　企业清洁生产定量评价指标的考核评分，以企业在考核年度（一般以一个生产年度为一个考核周期，并与生产年度同步）各项二级指标实际达到的数值为基础进行计算，综合得出该企业定量评价指标的考核总分值。定量评价的二级指标从其数值情况来看，可分为两类情况：一类是该指标的数值越低（小）越符合清洁生产要求（如常用纤维原料消耗量、取水量、综合能耗、污染物产生量等指标）；另一类是该指标的数值越高（大）越符合清洁生产要求（如水的循环利用率、碱回收率、固体废物综合利用率等指标）。因此，对二级指标的考核评分，根据其类别采用不同的计算模式。

4.1.1　定量评价二级指标的单项评价指数计算

　　对指标数值越高（大）越符合清洁生产要求的指标，其计算公式为：

$$S_i = S_{xi}/S_{oi} \qquad (4-1)$$

　　对指标数值越低（小）越符合清洁生产要求的指标，其计算公式为：

$$S_i = S_{oi}/S_{xi} \qquad (4-2)$$

式中　S_i——第 i 项评价指标的单项评价指数。如采用手工计算时，其值取小数点后两位；

　　　　S_{xi}——第 i 项评价指标的实际值（考核年度实际达到值）；

　　　　S_{oi}——第 i 项评价指标的评价基准值。

　　本评价指标体系各二级指标的单项评价指数的正常值一般在 1.0 左右，但当其实际数值远小于（或远大于）评价基准值时，计算得出的 S_i 值就会较大，计算结果就会偏离实际，对其他评价指标的单项评价指数产生较大干扰。为了消除这种不合理影响，应对此进行修正处理。修正的方法是：当 $S_i > k/m$ 时（其中 k 为该类一级指标的权重值，m 为该类一级指标中实际参与考核的二级指标的项目数），取该 S_i 值为 k/m。

4.1.2　定量评价考核总分值计算

　　定量评价考核总分值的计算公式为：

$$P_1 = \sum_{i=1}^{n} S_i \cdot K_i \qquad (4-3)$$

式中　P_1——定量评价考核总分值；

n——参与定量评价考核的二级指标项目总数；

S_i——第 i 项评价指标的单项评价指数；

K_i——第 i 项评价指标的权重值。

若某项一级指标中实际参与定量评价考核的二级指标项目数少于该一级指标所含全部二级指标项目数（由于该企业没有与某二级指标相关的生产设施所造成的缺项）时，在计算中应将这类一级指标所属各二级指标的权重值均予以相应修正，修正后各相应二级指标的权重值以 K_i' 表示：

$$K_i' = K_i \cdot A_j \qquad (4-4)$$

式中　A_j——第 j 项一级指标中，各二级指标权重值的修正系数，$A_j = A_1 / A_2$；

A_1——第 j 项一级指标的权重值；

A_2——实际参与考核的属于该一级指标的各二级指标权重值之和。

如由于企业未统计该项指标值而造成缺项，则该项考核分值为零。

4.2　定性评价指标的考核评分计算

定性评价指标的考核总分值的计算公式为：

$$P_2 = \sum_{i=1}^{n''} F_i \qquad (4-5)$$

式中　P_2——定性评价二级指标考核总分值；

F_i——定性评价指标体系中第 i 项二级指标的得分值；

n''——参与考核的定性评价二级指标的项目总数。

4.3　企业清洁生产综合评价指数的考核评分计算

为了综合考核制浆造纸企业清洁生产的总体水平，在对该企业进行定量和定性评价考核评分的基础上，将这两类指标的考核得分按不同权重（以定量评价指标为主，以定性评价指标为辅）予以综合，得出该企业的清洁生产综合评价指数和相对综合评价指数。

4.3.1　综合评价指数（P）

综合评价指数是描述和评价被考核企业在考核年度内清洁生产总体水平的一项综合指标。国内大中型制浆造纸企业之间清洁生产综合评价指数之差可以反映企业之间清洁生产水平的总体差距。综合评价指数的计算公式为：

$$P = 0.6P_1 + 0.4P_2 \qquad (4-6)$$

式中　P——企业清洁生产的综合评价指数；

P_1、P_2——分别为定量评价指标中各二级指标考核总分值和定性评价指标中各二级指标考核总分值。

4.3.2 浆纸联合生产企业综合评价指数（P'）

浆纸联合生产企业综合评价指数是描述和评价浆纸联合生产企业在考核年度内清洁生产总体水平的一项综合指标。浆纸联合生产企业综合评价指数的计算公式为：

$$P' = \sum_{i=1}^{4} \frac{I_i}{I_1 + I_2 + I_3 + I_4 + I_5} \times X_i\% \times P_i + \frac{I_5}{I_1 + I_2 + I_3 + I_4 + I_5} \times P_5$$

$$(4-7)$$

式中　P'——浆纸联合生产企业综合评价指数；

P_i——浆纸联合生产企业各类纸浆制浆部分综合评价指数和造纸部分综合评价指数，其中，P_1 为化学非木浆的综合评价指数，P_2 为化学木浆的综合评价指数，P_3 为机械浆的综合评价指数，P_4 为废纸浆的综合评价指数，P_5 为纸产品的综合评价指数。

注：（1）化学木浆包括前文提到的漂白硫酸盐木（竹）浆和本色硫酸盐木浆。

（2）如果企业同时还生产多种纸产品，可以将各种纸产品的综合评价指数按其产量进行加权平均，即可得到 P_5。

I_i 分别为化学非木浆（I_1）、化学木浆（I_2）、机械浆（I_3）、废纸浆（I_4）、纸产品（I_5）的污染系数。其中：$I_1 = 1$，$I_2 = 7$，$I_3 = 5$，$I_4 = 4$，$I_5 = 2$。

如果该企业没有生产其中一种或几种浆，则相应的 $I_i = 0$。

$X_i\%$ 分别为化学草浆（$X_1\%$）、化学木浆（$X_2\%$）、机械浆（$X_3\%$）、废纸浆（$X_4\%$）在企业生产的各种纸浆产量中所占的比例。

4.3.3 相对综合评价指数（P''）

相对综合评价指数是企业考核年度的综合评价指数与企业所选对比年度的综合评价指数的比值。它反映企业清洁生产的阶段性改进程度。相对综合评价指数的计算公式为：

$$P'' = P_b / P_a$$

$$(4-8)$$

式中　P''——企业清洁生产相对综合评价指数；

P_a、P_b——分别为企业所选定的对比年度的综合评价指数和企业考核年度的综合评价指数。

4.4 制浆造纸行业清洁生产企业的评定

对制浆造纸企业清洁生产水平的评价，是以其清洁生产综合评价指数为依据的，对达到一定综合评价指数的企业，分别评定为清洁生产先进企业或清洁生产企业。

根据目前我国制浆造纸行业的实际情况，不同等级的清洁生产企业的综合评价指数列于表12。

表12 制浆造纸行业不同等级清洁生产企业综合评价指数

清洁生产企业等级	清洁生产综合评价指数
清洁生产先进企业	$P \geqslant 90$
清洁生产企业	$75 \leqslant P < 90$

按照现行环境保护政策法规以及产业政策要求，凡参评企业被地方环保主管部门认定为主要污染物排放未"达标"（指总量未达到控制指标或主要污染物排放超标），生产淘汰类产品或仍继续采用要求淘汰的设备、工艺进行生产的，则该企业不能被评定为"清洁生产先进企业"或"清洁生产企业"。

5 指标解释

《制浆造纸行业清洁生产评价指标体系》部分指标的指标解释如下：

（1）单位产品取水量。企业生产单位产品需要从各种水源所取得的水量。计算如下：

$$V_{ui} = \frac{V_i}{Q} \qquad (5-1)$$

式中 V_{ui}——单位产品取水量，m^3/t；

V_i——在一定计量时间内产品生产取水量，m^3；

Q——在一定计量时间内产品产量，t。

（2）碱回收率。碱回收率（特征工艺指标）是指经碱回收系统所回收的碱量（不包括由于芒硝还原所得的碱）占本期制浆过程所用总碱量（包括氯漂工艺之前所有生产过程的耗碱总量，但不包括氯漂工艺之后的生产过程如碱抽提所消耗的碱量）的质量百分比。碱回收率反映碱法制浆生产工艺过程清洁生产基本水平（包括碱回收系统生产技术及其管理水平）的主要技术指标。

1）计算方法1：

$$R_A = 100 - \frac{a_0 + b + A - B}{A_{11} + b + a_k} \times 100\% \qquad (5-2)$$

$$a_0 = a(1 - W)\varphi P \times 0.437 \qquad (5-3)$$

$$A_{11} = A_N K_N \qquad (5-4)$$

$$K_N = \frac{(1 - S)(1 - R_K)}{R_K} \qquad (5-5)$$

式中 R_A——碱回收率，%；

a_0——补充芒硝的产碱量，kg；

a——芒硝补充量，kg；

　　　　W——芒硝水分,%;

　　　　φ——芒硝的纯度,%;

　　　　P——芒硝的还原率,%;

　　0.437——由芒硝转化为氧化钠的系数;

　　　　b——氯漂工艺之前所有制浆过程补充的外来新鲜碱,kg;

　　　　A——统计开始时系统结存碱量,kg;

　　　　B——统计结束时系统结存碱量,kg;

　　　A_{11}——回收碱量,kg;

　　　A_N——回收活性碱量,kg;

　　　K_N——转换系数;

　　　　S——硫化度,%;

　　　R_K——苛化度,%;

　　　a_K——白液结存碱量,kg。

　　2）计算方法2

$$R_A = \frac{A_{11} - a_0}{A_t} \times 100\% \tag{5-6}$$

式中　R_A——碱回收量,%;

　　　A_{11}——本期回收碱量,kg;

　　　a_0——本期补充芒硝的产碱量,kg;

　　　A_t——本期制浆（氯漂工艺之前）生产过程的总用碱量,kg。

　　（3）碱炉的热效率

$$碱炉的热效率 = \frac{产生蒸汽热 - 自身回用热量}{黑液发热量} \times 100\%$$

其中:　　　　　　　　产生蒸汽的热量 $= Q_进 - Q_耗$

　　$Q_进$表示带入碱炉的热量,包括固形物发热量、黑液带入热量、芒硝带入热量和热空气带入热量。

　　$Q_耗$表示消耗的热量,包括蒸发黑液中水分所需的热量、空气中水分带走的热量、烟气中化合水蒸气所消耗的热量、干烟气带走的热量、熔融物显热、无机物熔化热、芒硝还原热、辐射损失和不可估计热损失。

　　自身回用热量包括预热干空气消耗的热量、预热空气的水所需热量、预热黑液所需热量和加热黑液、芒硝混合物所需的热量。

　　（4）白泥综合利用率（η）

　　计算如下:

$$\eta = \left(1 - \frac{S_d}{S_t}\right) \times 100\% \tag{5-7}$$

式中　η——白泥综合利用率，%；

　　　S_d——本期绝干白泥排放量，kg；

　　　S_t——本期绝干白泥总产生量，kg。

（5）锅炉灰渣综合利用率

$$锅炉灰渣综合利用率 = \frac{本期锅炉灰渣综合利用量（kg）}{本期锅炉灰渣总产生量（kg）} \times 100\%$$

（6）备料渣（指木屑等）综合利用率

$$备料渣综合利用率 = \frac{本期备料渣综合利用量（kg）}{本期备料渣总产生量（kg）} \times 100\%$$

（7）脱墨渣处理率

$$脱墨渣处理率 = \frac{本期产生脱墨渣处理量（kg）}{本期脱墨渣总产生量（kg）} \times 100\%$$

（8）单位产品综合能耗

$$单位产品综合能耗 = 此产品综合能耗的标煤数／此产品产量$$

综合能耗是制浆造纸企业在计划统计期内，对实际消耗的各种能源实物量按规定的计算方法和单位分别折算为一次能源后的总和。综合能耗主要包括一次能源（如煤、石油、天然气等）、二次能源（如蒸汽、电力等）和直接用于生产的能耗工质（如冷却水、压缩空气等），但不包括用于动力消耗（如发电、锅炉等）的能耗工质。具体综合能耗按照 QB 1022—91（制浆造纸企业综合能耗计算细则）计算。

（9）污染物产生指标。是指废水进入污水处理设施之前的数值。

（10）水循环利用率。循环用水量：指在确定的系统内，生产过程中已用过的水，无需处理或经过处理再用于系统代替取水量利用。

$$水循环利用率 = \frac{循环利用水量}{用水量} \times 100\%$$

（11）水重复利用率。串联用水量：指在确定的系统内，生产过程中的排水，无需处理或经处理后被另一个系统利用的水量。如造纸车间白水用于制浆车间或备料车间代替取量利用。

重复利用水量：指在确定的系统内，循环用水量与串联水量之和。

$$水重复利用率 = \frac{重复利用水量}{用水量} \times 100\%$$

附录 1　数据采集

1. 统计

企业的原材料和新鲜水的消耗量、重复用水量、产品产量、能耗及各种资源的综合利用量等，以年报或考核周期报表为准。

2. 实测

污染物产生指标通过实测方法取得，具体采样和监测按照国家标准监测方法执行。

如果统计数据严重短缺，资源综合利用特征指标也可以在考核周期内用实测方法取得，考核周期一般不少于一个月。

附录 2 禁止使用的染料

1. 属 MAK Ⅲ A1 的致癌芳香胺 4 种

4 - 氨基联苯

联苯胺

4 - 氯 - 2 - 甲基苯胺

2 - 萘胺

2. 属 MAK Ⅲ A2 的致癌芳香胺 20 种

4 - 氨基 - 3,2 - 二甲基偶氮苯

2 - 氨基 - 4 - 硝基甲苯

2,4 - 二氨基苯甲醚

4 - 氯苯胺

4,4 - 二氨基二苯甲烷

3,3 - 二氯联苯胺

3,3 - 二甲氧基联苯胺

3,3 - 二甲基联苯胺

3,3 - 二甲基 - 4,4 - 二甲基二苯甲烷

2 - 甲氧基 - 5 - 甲基苯胺

4,4 - 亚甲基 - 二(2 - 氯苯胺)

4,4 - 二氨基二苯硫醚

2 - 甲基苯胺

2,4 - 二氨基甲苯

2,4,5 - 三甲基苯胺

2 - 甲氧基苯胺

4 - 氨基偶氮苯

2,4 - 二甲基苯胺

2,6 - 二甲基苯胺

3. 含有汞、镉、铅或六价铬化合物的染料

附录2-3 《造纸产业发展政策》

中华人民共和国国家发展和改革委员会
公　告

（2007 年第 71 号）

　　为完善造纸产业发展环境，公平市场秩序，推动造纸产业落实科学发展观，建设资源节约型、环境友好型社会，促进可持续发展，加快造纸大国向造纸强国转变，根据经济体制改革的要求，结合相关法律法规，特制定《造纸产业发展政策》，经国家发展改革委主任办公会议审议，现予发布，自发布之日起实施。

　　附：造纸产业发展政策

中华人民共和国国家发展和改革委员会
二〇〇七年十月十五日

目　录

前　言

造纸产业是与国民经济和社会事业发展关系密切的重要基础原材料产业，纸及纸板的消费水平是衡量一个国家现代化水平和文明程度的标志。造纸产业具有资金技术密集、规模效益显著的特点，其产业关联度强，市场容量大，是拉动林业、农业、印刷、包装、机械制造等产业发展的重要力量，已成为我国国民经济发展的新的增长点。造纸产业以木材、竹、芦苇等原生植物纤维和废纸等再生纤维为原料，可部分替代塑料、钢铁、有色金属等不可再生资源，是我国国民经济中具有可持续发展特点的重要产业。

目前，我国造纸工业企业3600家，能力约7000万吨，纸及纸板产量达5600万吨，消费量达5930万吨，生产量和消费量均居世界第二位，已成为世界造纸工业生产、消费和贸易大国。"十五"期间我国造纸工业进入快速发展期，其主要特点：一是政策环境基本建立，林纸一体化发展形成共识；二是生产消费快速增加，行业运行质量显著提高；三是原料结构有所改善，产品结构进一步优化；四是企业重组力度加大，产业集中度有所提高；五是污染防治初见成效，资源消耗进一步降低。但同时我国造纸产业也面临资源约束、环境压力等问题，主要表现在：一是规模不合理，规模效益水平低；二是优质原料缺口大，对外依存度高；三是资源消耗较高，污染防治任务艰巨；四是装备研发能力差，先进装备依靠进口；五是外商投资结构有待优化，统筹协调发展任务紧迫。

近年来，世界造纸产业技术进步发展迅速，由于受到资源、环境等方面的约束，造纸企业在节能降耗、保护环境、提高产品质量、提高经济效益等方面加大工作力度，正朝着高效率、高质量、高效益、低消耗、低排放的现代化大工业方向持续发展，呈现出企业规模化、技术集成化、产品多样化功能化、生产清洁化、资源节约化、林纸一体化和产业全球化发展的趋势。

发展我国造纸产业，必须坚持循环发展、环境保护、技术创新、结构调整和对外开放的基本原则，坚决贯彻落实科学发展观和走新型工业化道路的要求；进一步完善市场环境，加大自主创新，转变发展模式，加快企业重组，加大环境整治力度；促进林纸一体化建设，继续推进《全国林纸一体化工程建设"十五"及2010年专项规划》的实施；以企业为核心，以市场为导向，促进产、学、研、用相结合，提高制浆造纸装备国产化水平；更好体现造纸产业循环经济的特点，推进清洁生产，节约资源，关闭落后草浆生产线，减少污染，贯彻可持续发展方针；全面构建装备先进、生产清洁、发展协调、增长持续、循环节约、竞争有序的现代造纸产业，进一步适应国民经济发展的要求和世界经济一体化的形势。

根据完善社会主义市场经济体制改革的要求，结合相关法律法规，制定本产业发展政策，以建立公平的市场秩序和良好的发展环境，解决造纸产业发展中存在的问题，指导产业健康发展。

第一章 政 策 目 标

第一条 通过政策的制定，建立充分发挥市场配置资源，辅之以政府宏观调控的产业发展新机制。

第二条 坚持改革开放，贯彻落实科学发展观，走新型工业化道路，发挥造纸产业自身具有循环经济特点的优势，实施可持续发展战略，建设中国特色的现代造纸产业。适度控制纸及纸板项目的建设，到2010年，纸及纸板新增产能2650万吨，淘汰现有落后产能650万吨，有效产能达到9000万吨。

第三条 通过产业布局、原料结构、产品结构、企业结构的调整，逐步形成布局合理、原料适合国情、产品满足国内需求、产业集中度高的新格局，实现产业结构优化升级。

第四条 加大技术创新力度，形成以企业为主体、市场为导向、产学研用相结合的技术创新体系，培育高素质人才队伍，研发具有自主知识产权的先进工艺、技术、装备及产品，培育一批制浆造纸装备制造龙头企业，提高我国制浆造纸装备研发能力和设计制造水平。

第五条 转变增长方式，增强行业和企业社会责任意识，严格执行国家有关环境保护、资源节约、劳动保障、安全生产等法律法规。到2010年实现造纸产业吨产品平均取水量由2005年103立方米降至80立方米、综合平均能耗（标煤）由2005年1.38吨降至1.10吨、污染物（COD）排放总量由2005年160万吨减到140万吨，逐步建立资源节约、环境友好、发展和谐的造纸产业发展新模式。

第六条 明确产业准入条件，规范投融资行为和市场秩序，建立公平的竞争环境。

第二章 产 业 布 局

第七条 造纸产业布局要充分考虑纤维资源、水资源、环境容量、市场需求、交通运输等条件，发挥比较优势，力求资源配置合理，与环境协调发展。

第八条 造纸产业发展总体布局应"由北向南"调整，形成合理的产业新布局。

第九条　长江以南是造纸产业发展的重点地区，要以林纸一体化工程建设为主，加快发展制浆造纸产业。东南沿海地区是我国林纸一体化工程建设的重点地区；长江中下游地区在充分发挥现有骨干企业积极性的同时，要加快培育或引进大型林纸一体化项目的建设主体，逐步发展成为我国林纸一体化工程建设的重点地区；西南地区要合理利用木、竹资源，变资源优势为经济优势，坚持木浆、竹浆并举；长江三角洲和珠江三角洲地区，特别要重视利用国内外木浆和废纸等造纸，原则上不再布局利用本地木材的木浆项目。

第十条　长江以北是造纸产业优化调整地区，重点调整原料结构、减少企业数量、提高生产集中度。黄淮海地区要淘汰落后草浆产能，增加商品木浆和废纸的利用，适度发展林纸一体化，控制大量耗水的纸浆项目，加快区域产业升级，确保在发展造纸产业的同时不增加或减少水资源消耗和污染物排放；东北地区加快造纸林基地建设，加大现有企业改造力度，提高其竞争力，原则上不再布局新的制浆造纸企业；西北地区要通过龙头企业的兼并与重组，加快造纸产业的整合，严格控制扩大产能。

第十一条　重点环境保护地区、严重缺水地区、大城市市区，不再布局制浆造纸项目，禁止严重缺水地区建设灌溉型造纸林基地。

第三章　纤　维　原　料

第十二条　充分利用国内外两种资源，提高木浆比重、扩大废纸回收利用、合理利用非木浆，逐步形成以木纤维、废纸为主、非木纤维为辅的造纸原料结构。到 2010 年，木浆、废纸浆、非木浆结构达到 26%、56%、18%。

第十三条　加快推进林纸一体化工程建设，大力发展木浆，鼓励利用木材采伐剩余物、木材加工剩余物、进口木材和木片等生产木浆，合理进口国外木浆。到 2010 年，力争实现建设造纸林基地 500 万公顷、新增木浆生产能力 645 万吨的目标。

第十四条　鼓励现有林场及林业公司与国内制浆造纸企业共同建设造纸原料林基地。企业建设造纸林基地要符合国家林业分类经营、速生丰产林建设规划和全国林纸一体化专项规划的总体要求，并且必须符合土地、生态、水土保持和环境保护等相关规定。

第十五条　鼓励发展商品木浆项目。依靠国内市场供应木材原料的制浆项目必须同时规划建设造纸林基地或者先行核准其中的造纸原料林基地建设项目。不得以未经核准的林纸一体化项目的名义单独建设或圈占造纸林基地。承诺依靠国外市场供应木材原料的制浆项目要严格履行承诺。

　　第十六条　支持国内有条件的企业到国外建设造纸林基地和制浆造纸项目。

　　第十七条　加大国内废纸回收，提高国内废纸回收率和废纸利用率，合理利用进口废纸。尽快制定废纸回收分类标准，鼓励地方制定废纸回收管理办法，培育大型废纸经营企业，建立废纸回收交易市场，规范废纸回收行为。到2010年，使我国国内废纸回收率由目前的31%提高至34%，国内废纸利用率由32%提高至38%。

　　第十八条　坚持因地制宜，合理利用非木纤维资源。充分利用竹类、甘蔗渣和芦苇等资源制浆造纸，严格控制禾草浆生产总量，加快对现有禾草浆生产企业的整合，原则上不再新建禾草化学浆生产项目。

　　第十九条　限制木片、木浆和非木浆出口，在取消出口退税的基础上加征出口关税。

第四章　技术与装备

　　第二十条　坚持引进技术和自主研发相结合的原则。跟踪研究国际前沿技术，发展具有自主知识产权的先进适用技术和装备。鼓励原始创新、集成创新、引进消化吸收再创新。建立国家造纸工程研究中心和国家认定造纸企业技术中心，支持重点科研机构、设计单位、造纸企业、装备制造企业联合开展技术开发和研制，支持行业关键、共性技术成果服务平台与信息网络建设。组织实施重大装备本地化项目，提高技术与装备制造水平。

　　第二十一条　制浆造纸装备研发的重点为：年产30万吨及以上的纸板机成套技术和设备；幅宽6米左右、车速每分钟1200米、年产10万吨及以上文化纸机；幅宽2.5米、车速每分钟600米以上的卫生纸机成套技术和设备；年产10万吨高得率、低能耗的化学机械木浆成套技术及设备；年产10万吨及以上废纸浆成套技术和设备；非木材原料制浆造纸新工艺、新技术和新设备的开发与研究，特别是草浆碱回收技术和设备的开发；以及节水、节能技术和设备。要在现有基础上，加大自主创新力度，尽快形成自主知识产权，实现成套装备国产化。

　　第二十二条　造纸产业技术应向高水平、低消耗、少污染的方向发展。鼓励发展应用高得率制浆技术，生物技术，低污染制浆技术，中浓技术，无元素氯或全无氯漂白技术，低能耗机械制浆技术，高效废纸脱墨技术等以及相应的装备。优先发展应用低定量、高填料造纸技术，涂布加工技术，中性造纸技术，水封闭循环技术，化学品应用技术以及宽幅、高速造纸技术，高效废水处理和固体废物回收处理技术。

　　第二十三条　淘汰年产3.4万吨及以下化学草浆生产装置、蒸球等制浆生产技术与装备，以及窄幅宽、低车速的高消耗、低水平造纸机。禁止采用石灰法制浆，禁止新上项目采用元素氯漂白工艺（现有企业应逐步淘汰）。禁止进口淘汰落后的二手制浆造纸设备。

第二十四条　调整制浆造纸装备制造企业结构，培育大型制浆造纸装备制造集团或联合体，建立研究、开发、设计、制造、集成平台，提高成套装备研发和集成能力，鼓励国外设备制造商采用先进技术与国内制浆造纸装备制造企业合资合作，促进装备国产化。

第五章　产 品 结 构

第二十五条　适应市场需求，形成多样化的纸及纸板产品结构。整合现有资源，对消耗高、质量差的低档产品，加快升级换代步伐。

第二十六条　研究开发低定量、功能化纸及纸板新产品，重点开发低定量纸及纸板、含机械浆的印刷书写纸、液体包装纸板、食品包装专用纸、低克重高强度的瓦楞原纸及纸板等产品，积极研发信息用纸、国防及通讯特种用纸、农业及医疗特种用纸等，增加造纸品种。

第二十七条　适时修订《环境标志产品技术要求——再生纸制品》，鼓励造纸企业扩大利用废纸生产新闻纸、印刷书写用纸、办公用纸，包装纸板等再生纸产品。

第二十八条　鼓励企业加大品牌创新力度，实施名牌战略。

第六章　组 织 结 构

第二十九条　建立现代企业制度，完善产业组织形式，改变制浆造纸企业数量多、规模小、布局分散的局面，形成大型企业突出、中小企业比例合理的产业组织结构。

第三十条　支持国内企业通过兼并、联合、重组和扩建等形式，发展 10 家左右 100 万吨至 300 万吨具有先进水平的制浆造纸企业，发展若干家年产 300 万吨以上跨地区、跨部门、跨所有制的、具有国际竞争力的大型制浆造纸企业集团。

第三十一条　在新建大型木浆生产企业的同时，加快整合现有木浆生产企业，关停规模小、技术落后的木浆生产企业。鼓励发展若干大中型商品木浆生产企业或企业集团；充分利用竹子资源，支持发展一批年产 10 万吨以上的竹浆生产企业；改变小型废纸浆造纸企业数量过多的现状，促进中小型废纸浆造纸企业扩大规模，提高集中度；原则上不再兴建化学草浆生产企业。

第三十二条 中小型造纸企业要向"专、精、特、新"方向发展，淘汰产品质量差、资源消耗高、环境污染重的小企业，减少小企业数量。

第三十三条 企业组织结构调整，坚持股权多元化，防止恶意并购，避免行业垄断。

第三十四条 努力提高产业集中度水平，到 2010 年，排名前 30 名的制浆造纸企业纸及纸板产量之和占总产量的比重由目前的32%提高至40%。

第七章 资 源 节 约

第三十五条 贯彻执行国务院《关于加快发展循环经济的若干意见》，按照减量化、再利用、资源化的原则，提高水资源、能源、土地和木材等使用效率，转变增长方式，建设资源节约型造纸产业。

第三十六条 增强全行业节水意识，大力开发和推广应用节水新技术、新工艺、新设备，提高水的重复利用率。在严格执行《造纸产品取水定额》的基础上，逐步减少单位产品水资源消耗。新建项目单位产品取水量在执行取水定额"A"级的基础上减少20%以上，目前执行"B"级取水定额的企业2010年底按"A"级执行。

第三十七条 严格执行《水法》、《取水许可和资源费征收管理条例》和《取水许可制度实施办法》等有关法律法规的规定，实行取水许可制度和水资源有偿使用制度，全面推行总量控制和定额管理，加强水资源的合理开发、节约和保护。

第三十八条 鼓励企业采用先进节能技术，改造、淘汰能耗高的技术与装备，充分发挥制浆造纸适宜热电联产的有利条件，提高能源综合利用效率。

第三十九条 执行最严格的土地管理制度，节约集约使用土地。严格执行《水土保持法》有关规定，防止水土流失。

第八章 环 境 保 护

第四十条 严格执行《环境保护法》、《水污染防治法》、《环境影响评价法》、《清洁生产促进法》等法律法规，坚持预防为主、综合治理的方针，增强造纸行业的环境保护意识和造纸企业的社会责任感，健全环境监管机制，加大环境保护执法力度，完善污染治理措施，适时修订《造纸产业水污染物排放标准》，严格控制污染物排放，建设环境友好型造纸产业。

第四十一条 大力推进清洁生产工艺技术，实行清洁生产审核制度。新建制浆造纸项目必须从源头防止和减少污染物产生，消除或减少厂外治理。现有企业要通过技术改造逐步实现清洁生产。要以水污染治理为重点，采用封闭循环用水、白水回用，中段废水处理及回收、废气焚烧回收热能、废渣燃料化处理等"厂内"环境保护技术与手段，加大废水、废气和废渣的综合治理力度。要采用先进成熟废水多级生化处理技术、烟气多电场静电除尘技术、废渣资源化处理技术，减少"三废"的排放。

第四十二条　制浆造纸废水排放要实行许可证管理，严格执行国家和地方排放标准及污染物总量控制指标。全面建设废水排放在线监测体系，定期公布企业废水排放情况。制定激励政策，鼓励达标企业加大技术改造和工艺改进力度，进一步减少水污染物排放。依法责令未达标企业停产整治，整改后仍不达标或超总量指标的企业要依法关停。

第四十三条　实行环境指标公告和企业环保信息公开制度，鼓励公众参与并监督企业环境保护行为，积极推行环境认证、环境标识和环境保护绩效考核制度，严格实行环境执法责任制度和责任追究制度。

第四十四条　造纸林基地建设要注重生态保护，加强环境影响评价工作，遵循林业分类经营原则，应用高新技术手段，科学造林，保护生物多样性，严禁毁林造林，防止水土流失。

第九章　行业准入

第四十五条　进入造纸产业的国内外投资主体必须具备技术水平高、资金实力强、管理经验丰富、信誉度高的条件。企业资产负债率在70%以内，银行信用等级 AA 级以上。

第四十六条　制浆造纸重点发展和调整省区应编制造纸产业中长期发展规划，其内容必须符合国家造纸产业发展政策的总体要求，并报国家投资主管部门备案。大型制浆造纸企业集团应根据国家造纸产业发展政策编制企业中长期发展规划，并报国家投资主管部门备案。

第四十七条　造纸产业发展要实现规模经济，突出起始规模。新建、扩建制浆项目单条生产线起始规模要求达到：化学木浆年产30万吨、化学机械木浆年产10万吨、化学竹浆年产10万吨、非木浆年产5万吨；新建、扩建造纸项目单条生产线起始规模要求达到：新闻纸年产30万吨、文化用纸年产10万吨、箱纸板和白纸板年产30万吨、其他纸板项目年产10万吨。薄页纸、特种纸及纸板项目以及现有生产线的改造不受规模准入条件限制。

第四十八条　单一企业（集团）单一纸种国内市场占有率超过35%，不得再申请核准或备案该纸种建设项目；单一企业（集团）纸及纸板总生产能力超过当年国内市场消费总量的20%，不得再申请核准或备案制浆造纸项目。

第四十九条 新建项目吨产品在 COD 排放量、取水量和综合能耗（标煤）等方面要达到先进水平。其中漂白化学木浆为 10 千克、45 立方米和 500 千克；漂白化学竹浆为 15 千克、60 立方米和 600 千克；化学机械木浆为 9 千克、30 立方米和 1100 千克；新闻纸为 4 千克、20 立方米和 630 千克；印刷书写纸为 4 千克、30 立方米和 680 千克。

第十章 投 资 融 资

第五十条 严格执行国务院《关于投资体制改革的决定》及相关的管理办法、《促进产业结构调整暂行规定》及指导目录、《指导外商投资方向规定》及指导目录。

第五十一条 严格执行项目法人制度、资本金制度和招投标制度。内资项目资本金依照《国务院关于固定资产投资项目试行资本金制度的通知》执行；外资项目注册资金依照《国家工商行政管理局关于中外合资经营企业注册资本与投资总额比例的暂行规定》执行。

第五十二条 鼓励国内企业兼并、收购和重组国内制浆造纸企业和装备制造企业。外商投资企业发生上述行为应按照国家有关外商投资的法律法规及规章的规定办理。

第五十三条 加大投资监管，对违规审批、自行审批、拆分审批、擅自更改批复或备案内容等行为，撤销项目法人投资项目的资格，并追究相关当事人的行政责任。

第五十四条 支持具备条件的制浆造纸企业通过公开发行股票和发行企业债券等方式筹集资金。国内金融机构特别是政策性银行应优先给予国内大型骨干制浆造纸企业建设项目融资支持。对违规项目，金融机构不得提供贷款。

第十一章 纸 品 消 费

第五十五条 按照建设节约型社会的要求，造纸产业在发展的同时，应积极倡导纸及纸板产品的合理消费，在全社会建立节约用纸的意识。

第五十六条 适时修订造纸产品标准，改变目前社会过度追求高白度等指标的纸产品消费倾向，以节约资源，减少污染，引导理性、绿色消费。

第五十七条 政府采购根据实际用途，在满足基本需求的前提下，要优先采购使用掺有一定比例废纸生产的纸产品；积极推进办公自动化，减少办公环节纸制品的消耗。

第五十八条 新闻出版业在保证健康发展的同时，要合理控制报刊、期刊的发行规模；积极发展以数字化内容、数字化生产和网络化为主要特征的新媒体；严格执行国家技术标准，控制课本用纸克重；鼓励一般图书和期刊的出版降低用纸克重。

第五十九条 倡导节约型模式，实现包装材料和制品的轻量化和减量化生产。在包装制品的设计和生产过程中，鼓励利用掺有废纸的纸及纸板生产包装制品；对于运输包装用纸箱，要发展"低克重、高强度"的瓦楞原纸和纸板；对于销售包装用纸箱和纸盒，降低包装成本，倡导适度包装，避免过度包装。

第六十条 适度加大国内市场需求的纸及纸板进口量，缓解国内造纸原料过度依赖国际市场的局面。

第十二章 其 他

第六十一条 维护国内公平市场秩序，建立造纸产品进出口预警机制，避免贸易纠纷。

第六十二条 加强人才队伍建设，支持企业培养和吸引科技创新人才以及高级管理人才，全面提高企业职工素质。

第六十三条 充分发挥行业协会等中介机构作为政府与企业的桥梁作用，加强产业发展问题的分析与研究，反映产业发展情况，提出产业发展建议。

第六十四条 本产业政策涉及相关的法律、法规、政策、标准等如有修订，按修订后的规定执行。

第六十五条 本产业政策自发布之日起实施，由国家发展改革委负责解释。

附件：
1. 我国造纸产业现状及主要问题
2. 我国造纸产业面临的形势
3. 名词解释

附件1：我国造纸工业现状及主要问题

一、基本情况

我国已成为世界造纸产品的主要生产国和消费国，同时也是世界造纸产品主要进口国，产品自给率达88.7%，基本上满足国内新闻出版、印刷、商品包装等相关行业的消费需求。我国纸及纸板生产企业约有3600家，生产能力约7000万吨。2005 年我国规模以上纸及纸板企业工业总产值 2622 亿元，较 2000 年增长 146.7%，年均增长 19.8%；资产总计 3228 亿元，较 2000 年增长 61.9%，年均增长 10.1%；销售收入 2546 亿元，较 2000 年增长 152.1%，年均增长 20.0%。"十五"期间，我国造纸工业进入快速发展期，主要呈现以下特点。

（一）政策环境基本建立，林纸一体化发展形成共识

"十五"期间，国家有关部委将纸浆、纸及纸板列入国家《产业结构调整指导目录》和《外商投资产业指导目录》中的鼓励类；为调整不合理的造纸原料结构，解决造纸业可持续发展的瓶颈问题，国务院批准了《关于加快造纸工业原料林基地建设的若干意见》和《全国林纸一体化工程建设"十五"及 2010 年专项规划》。通过规划的宣传和贯彻落实，全社会逐步形成了林纸一体化发展的共识。随着一批林纸一体化工程项目的有序实施，造纸工业发展进入了一个新的发展期。

（二）生产消费快速增加，行业运行质量显著提高

"十五"期间我国纸及纸板消费和生产快速增长，生产量增长速度高于消费量增速，有效满足了需求。2005 年我国纸及纸板消费量为 5930 万吨，比 2000 年增长 65.9%，年均增长 10.7%，人均年消费量从 27.8 千克增长为 45.0 千克，超出亚洲人均消费量约 10 千克，但与世界人均消费量的 56.3 千克相比仍有相当大的差距；生产量达 5600 万吨，比 2000 年增长 83.6%，年均增长 12.9%。"十五"期间造纸工业运行质量显著提高。纸及纸板总产值为 2622 亿元，比 2000 年增长 146.7%，年均增长 19.8%；增加值由 358 亿元增至 727 亿元，增长 103.1%，年均增长 15.2%；利税总额由 95.7 亿元增至 225.2 亿元，增长 135.4%，年均增长 18.7%；利润总额由 43.9 亿元增至 123.2 亿元，增长 180.6%，年均增长 22.9%；实物劳动生产率由 29.6 吨/（人·年）提高至 73.4 吨/（人·年），年均增长 19.9%。

（三）原料结构有所改善，产品结构进一步优化

"十五"期间，我国造纸工业充分利用国内外两种资源，原料结构进一步优化。木浆比重有所提高，由 19% 提高至 22%；废纸浆比重快速增长，由 41% 提高至 54%，非木浆比重下降幅度较大，由 40% 降至 24%。"十五"期间通过调整，纸及纸板产品开始向适应消费需求，由数量型向质量型转变。新闻纸、高档文化办公用纸、涂布纸及涂布包装纸板、牛皮箱纸板、中高档生活用纸等市场急需或短缺的产品得到较快发展，缓解了供需矛盾。中高档产品比重由"九五"时期的 45% 提高到 60% 以上。

（四）企业重组力度加大，产业集中度有所提高

"十五"期间我国造纸企业重组力度加大，多个有实力的企业在全国范围内进行跨省跨地区收购兼并，向集团化、特色化、多元化方向发展，一批生产技术装备先进、产品信誉好、具有资源整合能力和较强竞争力的现代化造纸企业脱颖而出。目前在深、沪两地上市的造纸企业有 26 家，一批龙头企业通过股市融资得到快速发展。与此同时，民营、外资企业的市场占有率和行业影响力不断提高，已成为我国造纸业稳定发展的生力军，形成多元化竞争格局。2005 年，年产 10 万吨以上造纸企业 90 余家，其中年产能 30 万吨以上造纸企业 25 家，年产能 100 万吨以上的造纸企业 7 家，行业前二十名企业的产量、销售收入、利税总额占规模以上全部企业上述指标的比重分别为 29.2%、32.6% 和 41.9%。"十五"期间，前二十名企业产量增加量占总产量增加量的 44.1%，并呈逐步扩大趋势。

（五）污染防治初见成效，资源消耗进一步降低

"十五"期间，我国造纸企业积极实施清洁生产，加大环境治理力度，环保部门加大了环境监测和对污染问题的查处力度，关停了 1500 多家能耗高、污染大的制浆造纸企业。在产量增长高达 83.6% 的情况下，行业废水排放总量仅由 2000 年的 35.3 亿吨略增至 2005 年的 36.7 亿吨，占全国重点统计企业废水排放总量的比例则由 18.6% 降至 17.0%，其中达标率由 53.7% 增至 91.3%；化学需氧量（COD）排放量由 287.7 万吨降至 159.7 万吨，占全国重点统计企业化学需氧量排放总量的比例由 44.0% 降至 32.4%。造纸行业的环境污染问题得到了较大程度的缓解，发展势头良好。"十五"期间，我国造纸工业的资源消耗有所降低，吨浆、纸及纸板平均综合能耗由 1.55 吨标煤降至 1.38 吨标煤，吨浆、纸及纸板取水量平均由 139 吨降至约 103 吨。由于加大了废纸回收利用，吨纸及纸板消耗原生纸浆由平均 541 千克降至 427 千克。

二、存在的主要问题

（一）规模不合理，规模效益水平低

2005 年世界木浆厂（不含中国）平均规模为 20 万吨，我国拥有木浆制浆能力的企业 50 余家，平均规模仅为年产 10 万吨，达到世界平均规模的企业只有 4 家。世界造纸企业（不含中国）平均规模为年产 8 万吨，我国造纸企业平均规模仅为 1.9 万吨，达到世界平均规模的企业只有 80 余家。与世界前十位的纸业公司比较，我国前十名的造纸企业产量总计仅为其十分之一，销售额总计仅为其百

分之四。总体而言，目前我国制浆造纸工业大型集团少、强势企业少，大部分制浆造纸企业规模过小。这种状况使得企业的规模效益无法实现，限制了企业技术水平、装备水平、产品档次的提高和污染的有效防治。

（二）优质原料缺口大，对外依存度高

随着纸及纸板消费的增长和现代造纸工业产能的迅猛增加，国内纤维原料供需矛盾突出，缺口逐年增大。2005 年我国纸浆消费总量 5200 万吨，其中木浆 1130 万吨，非木浆 1260 万吨，废纸浆 2810 万吨，分别占纸浆消费总量的 22%、24% 和 54%。国际造纸工业纸浆消费总量中原生木浆比重平均为 63%，而我国木浆消耗中国产木浆比例一直仅为 7% 左右。从进口依存度看，2005 年我国进口木浆 759 万吨，进口废纸 1703 万吨，进口木浆和进口废纸占原料总消耗量的比例由 2000 年的 22.6% 提高到 40.8%。若将进口商品木浆、废纸折合成纸和纸板再加上直接进口的纸和纸板，我国 2005 年 5930 万吨的总消费中约 47% 要依靠进口，影响造纸工业健康持续发展。林纸一体化发展虽已形成共识，但仍属于起步阶段。

（三）资源消耗较高，污染防治任务艰巨

造纸工业不合理的原料结构和规模结构以及较低的技术装备水平，决定了我国造纸工业的水、能源、物料的消耗较高并成为主要的污染源。就吨浆纸综合能耗和综合水耗来看，国际上先进水平为吨浆纸综合能耗 0.9 ~ 1.2 吨标煤，综合取水量 35 ~ 50 立方米，我国除少数企业或部分生产线达到国际先进水平外，大部分企业吨浆纸综合能耗平均为 1.38 吨左右标煤，综合取水量平均仍处于 103 立方米左右高位。2005 年造纸工业废水排放量 36.7 亿吨，约占全国重点统计企业废水排放总量的 17.0%，COD 排放量 159.7 万吨，占全国重点统计企业 COD 排放总量的 32.4%。其中草浆生产线有碱回收装置的产量仅占草浆总产量的 30.0%，草类制浆 COD 排放量占整个造纸工业排放量的 60% 以上，仍然是主要的污染源。我国造纸工业面临的环保压力依然很大、污染防治任务十分艰巨。

（四）装备研发能力差，先进装备依靠进口

"十五"期间，除了部分适合我国国情的非木纤维制浆技术及装备已具备国际先进水平外，我国制浆造纸技术装备的研究、开发、制造总体水平仍然较低。国内造纸企业与制浆造纸装备制造企业未能成为研发的主体，产、学、研、用未能形成合力，自主创新、集成创新和引进消化吸收再创新的能力很弱。制浆造纸技术装备研究主要以非木浆为主，装备制造业目前仅能提供年产 10 万吨漂白化

学术（竹）浆及碱回收成套设备，年产10万吨以下文化纸机以及年产20万吨箱纸板机等中小型设备。技术水平与国外相比差距很大，大型先进制浆造纸技术装备几乎完全依靠进口。

（五）外资利用结构有待优化，统筹协调发展任务紧迫

"十五"期间，外资企业进入我国造纸产业，促进了结构调整、产品优化、管理水平提高，并缓解了资金压力。在当前我国木浆等造纸原料主要依靠进口，而国内企业在资金实力、管理经验、技术水平与国外大型造纸企业仍有较大差距的情况下，仍应合理利用外资，鼓励外资与中国企业共同在国内建设大型林浆纸一体化项目，鼓励外资企业从国外进口木片原料在国内制浆，加快淘汰小的落后的生产能力，同时防止出现垄断现象。

附件2：我国造纸工业面临的形势

一、世界造纸工业基本情况与发展趋势

（一）世界造纸产品和纸浆生产情况

2005年世界造纸工业的纸及纸板产量为3.67亿吨，比2000年增长13.3%，年均增长2.5%。2005年纸和纸板产量位居前10位的国家是美国、中国、日本、德国、加拿大、芬兰、瑞典、韩国、法国和意大利，产量合计占世界总产量的72.4%。2005年世界纸浆产量为1.89亿吨，比2000年增长1.0%，年均递增0.2%。其中化学浆占纸浆产量的67.1%，机械浆占18.9%。2005年纸浆产量位居前10位的国家有美国、加拿大、中国、瑞典、芬兰、日本、巴西、俄罗斯、印度尼西亚和印度，产量合计占世界总产量82.3%。

（二）世界造纸产品和纸浆消费情况

2005年世界纸和纸板消费量为3.66亿吨，比2000年增长12.9%，年均递增2.5%。人均纸及纸板年消费量为56.3千克，其中以北美人均消费水平最高，为293.0千克，亚洲和非洲最低，分别为35.3千克和6.8千克。2005年世界纸浆消费量为1.88亿吨，比2000年下降0.2个百分点。纸浆消费格局：北美洲占35.6%；欧洲占29.1%；亚洲占28.1%；拉丁美洲占4.7%；大洋洲占1.3%；非洲占1.2%。亚洲已成为世界最大的商品纸浆输入地区。

（三）世界造纸工业贸易趋势

商品纸浆出口量较大的国家有加拿大、巴西、瑞典、智利、芬兰，2005年

上述五国纸浆净出口量约占世界商品纸浆总产量的 51.0%。2005 年纸浆进口较多的国家有中国、德国、意大利、韩国和日本,净进口量约占世界商品纸浆总产量的 42.0%。中国属净进口国,2005 年纸浆进口量约占世界商品纸浆总产量的 16%。在废纸贸易中,世界废纸进口量 4156 万吨,出口量 3990 万吨,净出口量 2796 万吨。美国是世界最大的废纸供应国,2005 年美国净出口量 1411 万吨。2005 年中国进口废纸 1703 万吨,为世界第 1 位,占世界废纸出口量的 42.7%,占净出口量的 61%。

(四) 世界造纸产品和纸浆需求趋势

根据世界经济发展趋势,"十一五"期间世界纸浆、纸及纸板需求总体仍呈增长趋势,预计纸浆年均递增 2% ~ 2.5%,纸及纸板年均递增 2.5% ~ 3.0%,到 2010 年世界纸浆需求量将由 2005 年的 1.88 亿吨增至 2.08 ~ 2.13 亿吨。世界纸及纸板需求量将由 2005 年 3.66 亿吨增至 4.15 ~ 4.25 亿吨。从长期看,商品纸浆供应趋势在国际贸易中将是短线产品。从纸及纸板供应趋势来看,在国际贸易中需求增长较快的主要品种将是未涂布的化浆纸、涂布与未涂布的含机浆纸以及特种纸。

(五) 世界造纸工业的发展特点

近年来,世界造纸工业技术进步发展迅速,由于受到资源、环境、效益等方面的约束,造纸企业立足在节能降耗、保护环境、提高产品质量、提高经济效益等方面加大力度,正朝着高效率、高质量、高效益、低消耗、低排放的现代化大工业方向持续发展,呈现出企业规模化、技术集成化、产品多样化、功能化、生产清洁化、资源节约化、林纸一体化和产业全球化发展的突出特点。

二、我国造纸工业面临的形势

(一) 我国造纸工业仍将保持较快增长

我国造纸工业发展与国民经济及社会发展密切相关,经济的发展将为我国造纸工业发展提供有力支撑,根据纸及纸板消费量指数与 GDP 指数的相关性分析,并综合考虑影响国民经济发展的有关不确定因素和相关产业的发展前景,"十一五"期间,我国造纸工业仍将处于发展增长期,预计 2005 年至 2010 年纸及纸板消费量的年均增长速度为 7.5%,2010 年纸及纸板的消费量将从 2005 年的 5930 万吨增长到 8500 万吨左右,国内自给率保持在 90.0% 左右,人均消费量由 45 千克增至 62 千克,超过目前世界人均消费水平。

（二）我国造纸工业资源短缺和环保约束压力增强

造纸工业的产业链条长、涉及面广，涉及水资源、水环境、林业、农业、能源、土地资源等诸多方面。面对我国资源短缺、环境问题日益突出的形势，造纸工业将按照科学发展观和循环经济的原则，创新发展模式，提高发展质量，在坚持发展的前提下，把"节水、节能、降耗、减污、增效"作为主攻目标，通过实施清洁生产、技术进步，使资源高效利用和循环利用，促进造纸工业实现可持续发展。

（三）造纸纤维原料供应矛盾日益突出

我国是世界最大的原生纸浆和废纸进口国，2005年纸浆进口量约占世界商品纸浆总产量的16%，废纸进口量占全球废纸净出口总量的61.0%。我国造纸工业未来的发展仍将很大程度依赖进口纤维原料，世界纤维原料的供应量和供应价格必将在相当程度上影响我国造纸工业的发展，切实保障纤维原料供应是我国造纸工业持续高速发展的关键。因此，积极推进林纸一体化，提高国内废纸回收率和科学合理利用非木材纤维，力争大幅度提高纤维原料的自给水平，是我国造纸工业发展面临的迫切任务。

附件3：名词解释

1. 纸浆：经过制备的可供进一步加工的纤维物料（一般指来源于天然的植物）。

2. 纸浆分类：按浆的原料来源可分为木浆、非木浆和废纸浆；按生产工艺，纸浆可分为化学浆、机械浆和化学机械浆等。

3. 木浆：指以针叶木或阔叶木为原料，以化学的或机械的或两者兼有的方法所制得的纸浆。包括化学木浆、机械木浆和化学机械木浆等。

4. 非木浆：指以禾本科茎秆纤维类（稻草、麦草、芦苇、甘蔗渣、竹子等）、韧皮纤维类（麻类和棉干皮、桑皮、构皮等皮层纤维类）、叶部纤维类（龙须草、剑麻等）和种毛纤维类（棉纤维）为原料，以化学的或机械的或两者兼有的方法所制得的纸浆。包括化学非木浆、化学机械非木浆等。

5. 废纸浆：指以回收的废纸及废纸板为原料制得的纸浆。

6. 化学浆：用化学方法处理植物纤维原料，从植物纤维原料中除去相当大一部分非纤维素成分而制得的纸浆，不需要为了达到纤维分离而进行随后的机械处理。

7. 机械浆：完全用机械的方法从不同的植物纤维原料（主要为木材原料）

制得的供制造纸及纸板用的纸浆。如压力磨石磨木浆（PGW），木片热磨机械浆（TMP），爆破法纸浆。

8. 化学机械浆：采用化学预处理结合机械的方法，从不同的植物纤维原料（主要为木材原料）制得的供制造纸及纸板用的纸浆。如化学机械浆（CMP）、化学预处理木片磨木浆（CTMP）、漂白化学热磨机械浆（BCTMP）、碱性过氧化物机械浆（APMP）。

9. 商品纸浆：指在商品市场上经销出售的纸浆（一般加工成纸浆板），不包括企业自用的纸浆。

10. 无元素氯漂白（简称 ECF 漂白）：是指以二氧化氯替代元素氯作为漂白剂的漂白技术。

11. 全无氯漂白（简称 TCF 漂白）：是指整个漂白过程不采用任何含氯化合物的漂白技术，漂白剂主要是过氧化氢及臭氧等。

12. 国内废纸回收率：是指用于制浆造纸工业的国内废纸回收量与纸及纸板消费量的百分比。

13. 国内废纸利用率：是指用于制浆造纸工业的国内废纸回收量与纸及纸板生产量的百分比。

14. 纸及纸板分类：通常是按用途将纸分为文化用纸（新闻纸、印刷书写用纸、复印纸、办公用纸等）；包装用纸（商用包装纸、纸袋纸、食品糖果包装用纸等）；生活用纸（卫生纸、卫生巾、面巾纸、餐巾纸、尿布纸等）和特种用纸（金融、建材、电气电力、微电子、国防、通讯、食品、医疗等所需要的功能性用纸）。将纸板分为包装用纸板（箱纸板、瓦楞原纸、白纸板等）；建筑用纸板（石膏纸板、隔音纸板、防火纸板、防水纸板等）；印刷用纸板（字型纸板、封面纸板、封套纸板、票证纸板等）和特种纸板（提花纸板、钢纸纸板、纺筒纸板、制鞋纸板、滤芯纸板、绝缘纸板、高温绝热纸板等）。

15. 定量：纸或纸板每平方米的质量以 g/m^2 表示。通常定量小于 $225g/m^2$ 的被认为是纸，定量为 $225g/m^2$ 或以上的被认为是纸板。随着纸及纸板向低定量方向发展，区分纸及纸板主要是根据其特征及用途而定义。例如定量大于 $225g/m^2$ 的吸墨纸和图画纸通常被称作纸。低定量纸一般指定量低于 $40g/m^2$。

16. 市场份额：是指无论是内资还是外资、合资还是独资企业或集团，计算市场份额时，应包括其所有子公司的总生产能力，并非是该企业或集团单一子公司的生产能力。

参 考 文 献

［1］段宁，陈文明．企业清洁生产审计手册［M］．北京：中国环境科学出版社，1996．

［2］中国造纸年鉴（2005—2010）［M］．北京：中国轻工业出版社，2006～2010．

［3］中国造纸工业年度报告（2005—2010）［R］．中国造纸协会．

［4］詹怀宇．制浆原理与工程［M］．第3版．北京：中国轻工业出版社，2009．

［5］卢谦和．造纸原理与工程［M］．第2版．北京：中国轻工业出版社，2004．

［6］何北海，林鹿，刘秉钺．造纸工业清洁生产原理与技术［M］．北京：中国轻工业出版社，2007．

［7］刘秉钺．制浆造纸节能新技术［M］．北京：中国轻工业出版社，2010．

［8］汪苹，宋云．造纸工业节能减排技术指南［M］．北京：化学工业出版社，2010．

［9］武书彬，等．制浆造纸清洁生产新技术［M］．北京：化学工业出版社，2003．

［10］钱学仁，安显慧．纸浆绿色漂白技术［M］．北京：化学工业出版社，2010．

［11］万端极，徐国念．轻工清洁生产［M］．北京：中国环境科学出版社，2006．

［12］李景龙，马龙．清洁生产审核与节能减排实践［M］．北京：中国建材工业出版社，2009．

［13］国家经贸委资源节约与综合利用司．企业清洁生产审核指南［M］．北京：中国检察出版社，2000．

［14］杨淑蕙，刘秋娟．造纸工业清洁生产、环境保护、循环利用［M］．北京：化学工业出版社，2007．

冶金工业出版社部分图书推荐

书　　名	定价(元)
洁净钢生产的中间包技术	390.00
洁净钢——洁净钢生产工艺技术	650.00
钢铁冶金的环保与节能（第2版）	56.00
冶金工业节能与余热利用技术指南	58.00
节能减排社会经济制度研究	28.00
钢铁产业节能减排技术路线图	32.00
既有公共建筑节能激励政策研究	18.00
钢铁工业烟尘减排与回收利用技术指南	58.00
大型循环流化床锅炉及其化石燃料燃烧	29.00
电磁辐射污染及其防护技术	29.00
环境污染物毒害及防护——保护自己、优待环境	36.00
流域水污染防治政策设计：外部性理论创新和应用	25.00
土壤污染退化与防治——粮食安全，民之大幸	36.00
缺氧环境制氧供氧技术	62.00
中国有色金属工业环境保护最新进展暨环保达标企业总览	90.00
金属压力加工原理及工艺实验教程	28.00
环境监测与治理技术专业理实一体人才培养方案及其课程标准	22.00
能源利用与环境保护——能源结构的思考	33.00
可持续发展——低碳之路	39.00
环境影响评价	49.00
微生物应用技术	39.00
环境工程微生物学实验指导	20.00
转炉干法除尘应用技术	58.00
金属矿山尾矿综合利用与资源化	16.00
除尘设备与运行管理	55.00
矿产资源开发利用与规划	40.00
污泥生物处理技术	35.00
污泥处理与资源化应用实例	32.00
冶金资源综合利用	46.00
资源型城市转型与城市生态环境建设研究	26.00
污泥资源化利用技术	42.00